遗传学基础与群体遗传学研究

高永 ◆ 著

U0301002

吉林科学技术出版社

图书在版编目（CIP）数据

遗传学基础与群体遗传学研究 / 高永著. -- 长春：
吉林科学技术出版社, 2022.9
ISBN 978-7-5578-9752-9

Ⅰ.①遗… Ⅱ.①高… Ⅲ.①遗传学—研究 Ⅳ.
①Q3

中国版本图书馆CIP数据核字(2022)第179467号

遗传学基础与群体遗传学研究

著	高 永	
出 版 人	宛 霞	
责任编辑	乌 兰	
封面设计	古 利	
制 版	长春美印图文设计有限公司	
幅面尺寸	185mm×260mm 1/16	
字 数	100 千字	
页 数	134	
印 张	8.5	
印 数	1–1500 册	
版 次	2022 年 9 月第 1 版	
印 次	2023 年 3 月第 1 次印刷	

出 版 吉林科学技术出版社
发 行 吉林科学技术出版社
地 址 长春市净月区福祉大路 5788 号
邮 编 130118
发行部电话/传真 0431-81629529 81629530 81629531
81629532 81629533 81629534
储运部电话 0431-86059116
编辑部电话 0431-81629518
印 刷 三河市嵩川印刷有限公司

书 号 ISBN 978-7-5578-9752-9
定 价 45.00 元

前　言

近年来，遗传学的研究发展非常迅速，其分支遍布了生物科学的各个领域，是现代生物科学的中心和引领学科。群体遗传学最早起源于 19 世纪哈代 – 温伯格平衡定律，它作为遗传学的一门重要分支学科，是研究生物群体的遗传结构及其变化规律的科学。群体遗传学通过应用数学和统计学的原理和方法探讨了基因在群体中的传递和变化规律，以及影响这些变化的环境选择效应、遗传突变作用、迁移及遗传漂变等因素与遗传结构的关系，由此来探讨生物进化的机制并为育种工作提供理论基础。因此，群体遗传学的研究在遗传育种教学中具有十分重要的理论和实践意义。

基于此，本书以"遗传学基础与群体遗传学研究"为题，全书共设置五章，绪论主要阐释遗传学的研究内容与方法、遗传学的产生与发展、遗传学在科学与生产发展中的作用；第一章围绕遗传的细胞学基础展开，主要内容包括细胞的结构、染色体分析、细胞的分裂与生殖、生活周期；第二章探究遗传物质的分子基础，主要探讨遗传物质的确立、核酸的化学组成与结构、遗传物质的复制、遗传信息的合成与加工、遗传密码与蛋白质的翻译；第三章探究基因的基本认知、基因组及其遗传标记、基因组作图与测序、基因组学的应用分析；第四章针对生物进化与群体遗传学展开分析，主要阐释生物进化及其取向、达尔文进化论及其修正、群体遗传学及其意义；第五章探究群体遗传组成及平衡定律，包括基因型频率和基因频率、自然突变率分析、Hardy–Weinberg 平衡定律。

本书从遗传学最基本的概念出发，由浅入深、层层递进，通过遗传细胞学、遗传物质的分子结构以及基因组学等基础概念，引出了生物进化与群体遗传学，进而针对群体遗传组成及平衡定律展开深入探讨。

本书的撰写得到了许多专家学者的帮助和指导，在此表示诚挚的谢意。由于笔者水平有限，加之时间仓促，书中内容难免有疏漏与不够严谨之处，希望各位读者多提宝贵意见，以待进一步修改，使之更加完善。

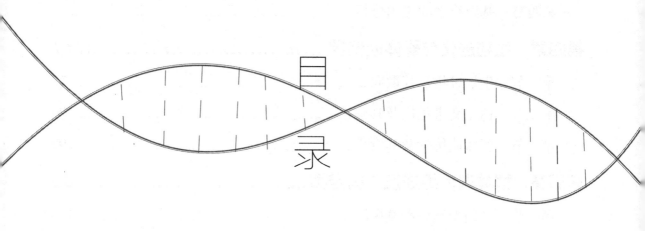

目录

绪　论 **01**

　　第一节　遗传学的研究内容与方法 01

　　第二节　遗传学的产生与发展 02

　　第三节　遗传学在科学与生产发展中的作用 06

第一章　遗传的细胞学基础 **11**

　　第一节　细胞的结构 11

　　第二节　染色体分析 17

　　第三节　细胞的分裂与生殖 22

　　第四节　生活周期 29

第二章　遗传物质的分子基础 **33**

　　第一节　遗传物质的确立 33

　　第二节　核酸的化学组成与结构 34

　　第三节　遗传物质的复制 37

　　第四节　遗传信息的合成与加工 40

　　第五节　遗传密码与蛋白质的翻译 43

第三章　基因组学 **47**

　　第一节　基因的基本认知 47

　　第二节　基因组及其遗传标记 56

第三节　基因组作图与测序 68

第四节　基因组学的应用分析 75

第四章　生物进化与群体遗传学 77

第一节　生物进化及其取向 77

第二节　达尔文进化论及其修正 90

第三节　群体遗传学及其意义 99

第五章　群体遗传组成及平衡定律 103

第一节　基因型频率和基因频率 103

第二节　自然突变率分析 106

第三节　Hardy-Weinberg 平衡定律 115

结束语 123

参考文献 125

绪　论

　　遗传学是研究生物遗传和变异规律的科学，对其进行探索，对我国科学与生产发展有重要作用。本章探究遗传学的研究内容与方法、遗传学的产生与发展、遗传学在科学与生产发展中的作用。

第一节　遗传学的研究内容与方法

　　遗传指的是亲代与子代之间在形态特征和生理特征上相似的现象；变异指的是亲代与子代之间、子代个体之间在形态特征和生理等特征上具有差异的现象。遗传和变异是生物共有的最普遍、最基本的属性，是生命世界的一种自然现象。遗传是相对的、保守的，生物有了遗传特征，才能繁衍后代，保持物种的相对稳定性；变异是绝对的、发展的，生物有了变异特征，才会产生新性状、新类型，才能使物种不断地发展和进化。有了遗传和变异，再通过自然或人工选择就会产生形形色色的物种，培育出适合人类需要的各类品种和丰富多彩的世界。因此，遗传、变异和选择是生物进化和新品种选育的三大因素。

　　遗传学是研究基因的科学。基因是表示细胞内决定生物性状遗传单位的一种符号。1909 年，丹麦遗传学家约翰森提出的基因（即遗传因子）只是表示生物体某个性状的符号。到了 1910 年，美国生物学家与遗传学家摩尔根等证实基因在染色体上，是直线排列在染色体上的一种化学实体，它是控制性状的最小功能单位，也是发生重组和突变的最小结构单位。随着研究的深入，基因被赋予了新的科学内涵，使人们对基因的概念有了 DNA（脱氧核糖核酸）分子水平上的新认识，认为基因是 DNA 分子上一段具有转录功能的序列，它是最小的功能单位，但不是重组和突变的最小结构单位，最小的结构单位应是一对核苷酸。

　　进入 21 世纪，技术进步使人们可以对生物整个基因组的结构和功能展开研究。通过对人类基因组序列 DNA 元件的分析研究发现，基因组序列上最小的功能单位可以不是一个基因，而是一个对于基因表达起调控作用的 DNA 控制元件。尽管功能单位是基因概念的基本内涵一直没有改变，但基因概念外延的含义却随着遗传学的发展在不断丰富着。

遗传学发展到今天，已经成为一门成熟的学科，但无论由于技术进步采用了什么样的新型方法和手段，其遗传学研究的核心始终是基因，总是要探索基因的性质、基因的传递、基因的位置、基因的作用、基因的结构、基因的表达、基因的变异、基因与环境之间的关系等，确定基因与生物形态、生理、行为等特征之间的内在联系，进而指导生物的遗传改良实践，造福人类的生产与生活。

杂交和细胞学观察是遗传学研究的最常用方法和手段。动物、植物、微生物都可以成为遗传学的研究材料。确定遗传研究的生物类型时，一般要选择生活周期短、繁殖系数高、体型小、染色体大且数目少的生物。例如：哺乳动物中的小鼠、昆虫中的果蝇、显花植物中的玉米、真菌中的酵母和链孢霉、原核生物中的大肠杆菌和噬菌体等，它们都是遗传学常用的模式试验材料，大肠杆菌和它的噬菌体更是分子遗传学研究中的常用材料。

在现代的遗传学研究中，生物化学方法几乎为任何遗传学分支学科的研究所采用。生物化学法主要利用酶或其他化学制剂，通过切割、修饰等手段来分析生物材料的 DNA、RNA（核糖核酸）的碱基组成或蛋白质的氨基酸组成，分析或分辨存在相互作用的核酸和蛋白质复合物，研究核酸和蛋白质相互作用的结果对生物性状表现的影响。分子生物学中的 DNA 重组技术、分子杂交技术、DNA 体外扩增技术、DNA 测序技术等，都已成为当今遗传学理论研究和实践应用的有力工具。

第二节　遗传学的产生与发展

人们对于遗传和变异现象的认知，早在数千年以前的新石器时代就有意无意地开始了。但是，直到 18 世纪下半叶和 19 世纪上半叶，才由法国生物学家拉马克和英国生物学家达尔文对生物的遗传和变异进行了系统的研究。

人们一般把 18 世纪下半叶到 1900 年以前，看成遗传学形成的前奏阶段。从 1900 年到现在 100 多年的历史中，可以将遗传学的发展大致划分为 5 个时期：孟德尔定律时期（1900—1910 年）；细胞遗传学时期（1910—1940 年）；生化（或微生物）遗传学时期（1941—1953 年）；分子遗传学时期（1953—1990 年）；基因组学时期（1990 年至今）。这些时期的划分是相对的，无绝对界限，其中常有相互交叉。以下将按照这一顺序简要介绍遗传学的形成和发展。

拉马克是生物进化论的先驱，他对植物、动物乃至气象研究都有着浓厚的兴趣。拉马克根据观察和推理，提出了"用进废退"和"获得性状遗传"等学说。环境条件的改变是生物变异的根本原因，动物在环境条件改变时，由于生活上的需要，促使某些器官加强使用、某些器官减弱使用，加强使用的器官得到进化，不使用的器官就发生退化，这种获得性状能够通过生殖而传给后代。这些学说的提出在当时相当了不起，因为这极大地冲击了帝造万物的传统说法，对后来的生物学发展以及遗传变异的研究起到了重要的推动作用。

达尔文通过长期考察和研究，特别是经历了为期5年的环球科学考察活动，积累了大量的生物实证，根据无可辩驳的事实，创立了科学的进化论，并完成了著名的《物种起源》一书。自然界的生物是在自然选择或人工选择的推动下，由简单到复杂、由低级到高级进化而来的，不是由超自然的力量决定的。对于遗传和变异的解释，达尔文承认拉马克的获得性状遗传的一些论点，并提出了泛生论假说——动物每个器官里都普遍存在着微粒（泛生粒），它们能够分裂繁殖，并能在体内随血液循环流动聚集在生殖器官里，形成生殖细胞。当受精卵发育为成体时，各种泛生粒进入各器官发生作用，使发育起来的性状与亲代一样，因而表现遗传；如果亲代的泛生粒发生改变，则子代表现变异。

达尔文主义以后，生物科学中广泛流行的是新达尔文主义。德国动物学家魏斯曼是新达尔文主义的首创者，他讲授达尔文的进化论多年，支持达尔文的选择理论，但否定获得性状遗传。他于1883年提出种质连续论，多细胞的生物体是由种质和体质两部分组成的，种质在世代间保持连续，生物的遗传就在于种质的连续，种质决定体质，种质的变异引起体质的变异，但体质的改变不会引起种质的变化。环境只影响体质，而不能影响种质，所以获得性状不能遗传。他做的一个著名的试验是：连续若干代把老鼠的尾巴剪掉，但其后代仍然具有正常长度的尾巴，说明这一后天获得的性状并不遗传给后代。这一论点在当时的生物科学研究中，特别是在遗传学研究方面产生了重大而广泛的影响，它启迪了人们去思考遗传物质与生物表现特征之间的联系与区别，对遗传学研究的思路起到一定的导向作用。

一、孟德尔定律的发展

真正科学、系统、有分析性地研究遗传和变异规律是从奥地利生物学家孟德尔开始的。孟德尔热爱自然科学，他做过很多植物的杂交试验，其中8年间在豌豆上的试验取得的结果最突出。1865年，他写出了题为《植物杂交试验》的论文，在奥地利布隆城召开的自然博物学会上宣布了自己的研究成果，首次提出了分离和自由组合两个遗传基本规律。生物的性状是由细胞里的遗传因子控制的，亲代遗传给子代的并不是性状本身，而是决定这些性状发育的遗传因子。孟德尔利用颗粒遗传观点指出：遗传因子是决定性状的基本单位，遗传因子在细胞里发生分离和自由组合，通过配子传递给后代，子代性状的发育是在这些遗传因子控制下重新形成的，遗传因子有可能处于隐性状态，但绝不会被冲淡或消失。颗粒遗传的理念为现代遗传学的发展奠定了重要的科学基础。

19世纪末，随着显微镜技术的完善和利用，使生物学研究取得了细胞学上的新发现。英国微生物学家弗莱明和德国植物细胞学家Strasburger分别在动物和植物中发现细胞的减数分裂、有丝分裂，以及染色体纵裂并在纵裂后趋向细胞两极的行为；德国胚胎学家赫特维希和Strasburger分别发现动物和植物的受精现象；比利时细胞学家贝尔顿观察到马蛔虫每一个体细胞中含有等数的染色体等，使人们对遗传物质的认识从臆测趋向落实。

1900年，荷兰植物学家狄·弗里斯以月见草和玉米为试材，德国植物学家柯伦斯以玉米、豌豆和菜豆为试材，奥地利植物学家柴马克以豌豆等数种植物为试材，三人在自己的工作中各自独立地发现了与孟德尔相同的遗传规律。当他们收集资料、引用文献时不约而同地发现了孟德尔的论文，这个他们原以为是新发现的遗传定律，实际上早在35年前就被人详尽而又准确地描述过了。三位科学家宣布了孟德尔的发现，并把自己的论文列为该定律的佐证。正是通过这几位著名学者的论文和他们的大力宣传，孟德尔的成就终于被人们所知晓。孟德尔的理论和研究方法也很快在动、植物的遗传现象研究中被广泛应用，促进了遗传学的快速发展。

1902年，美国遗传学家萨顿论证了孟德尔假设的遗传因子与染色体行为之间的平行性，认为遗传因子可能位于染色体上，提出染色体在减数分裂期间的行为是解释孟德尔遗传的细胞学基础。1909年，丹麦遗传学家约翰森提出用"基因"一词代替孟德尔提出的"遗传因子"，他在发表的"纯系学说"中还确立了基因型、表现型、等位基因、纯合体、杂合体等遗传学基本概念。

04

二、细胞遗传学的发展

从1908年开始，美国实验胚胎学家、遗传学家摩尔根和他的同事及学生以果蝇为试材进行了大量深入细致的遗传试验研究，并于1910年发现了伴性遗传和性状连锁现象，结合研究细胞核中染色体的行为动态，证明基因位于染色体上，呈直线排列，确立了遗传学的第三个基本规律——连锁遗传规律，并结合当时的细胞学成就，弄清了基因与染色体之间的关系，确立了遗传的染色体理论，进一步发展成细胞遗传学。摩尔根由于其在遗传学研究中的重大成就，于1933年获得诺贝尔奖。

我国遗传学家李汝祺和谈家桢都曾是摩尔根的学生，在美留学期间都在摩尔根的实验室工作过。回国后，他们成为我国现代遗传学的开创者和奠基人，为我国的遗传学教学和科研作出了重要贡献。

三、生化遗传学的发展

1941年，美国生物化学家比德尔和塔特姆用红色面包霉为试材，着重研究基因的生理和生化功能、分子结构及诱发突变等问题，证明了基因是通过酶起作用的，提出了"一个基因一个酶"的理论，发展了微生物遗传学和生化遗传学，使遗传学进入了生化遗传学阶段。

1946 年，美国遗传学家莱德伯格发现细菌通过接合的方式实现遗传物质转移，并因此获得了 1958 年的诺贝尔奖。

早在 1932 年，美国科学家麦克林托克就发现玉米籽粒色素斑点不稳定遗传现象。1951 年，她首次提出玉米存在转座因子系统，认为基因可离开原来的座位移动到其他位点上，即发生基因"跳跃"。这种基因可以移动的概念有悖于经典遗传学的观点，直到在多种作物中证明基因确实可以移动后，她的发现才得到认可，并于 1983 年获得诺贝尔奖。

20 世纪 50 年代前后，随着近代物理学、化学等学科先进技术和设备的应用，在遗传物质的研究上取得了重大进展，证实了染色体是由 DNA、蛋白质和少量的 RNA 组成的。

四、分子遗传学的发展

1953 年，美国分子生物科学家沃森和英国生物学家克里克通过 X 射线衍射分析的研究，提出了 DNA 分子的双螺旋结构模式理论，这是遗传学发展史上一个重大的转折点，二人因此获得了 1962 年的诺贝尔奖。这一理论为 DNA 的自我复制、相对稳定性和变异性以及 DNA 是遗传信息的储存和传递物质等提供了合理的解释，明确了基因是 DNA 分子上的一个片段，从而促进了分子遗传学的迅速发展，为进一步从分子水平上研究基因的结构和功能，揭示生物遗传和变异的奥秘奠定了基础，使遗传学的发展进入了分子遗传学阶段。

1955 年，美国分子生物学家本泽第一次提出 T4 噬菌体的 rⅡ座位的精细结构图，提出了著名的"顺反子学说"，使人们对基因的概念在其结构层面有了更深入的认识。1957 年，德国生物化学家弗南克尔－克拉特等发现烟草花叶病毒的遗传物质是 RNA。1958 年，克里克提出了中心法则，确定了遗传信息流动方向以及基因的表达；美国生物学家科恩伯格从大肠杆菌中分离到 DNA 聚合酶Ⅰ。科学家们仅用十几年时间就完成了从 DNA 分子的核苷酸顺序到基因表达与调控等各个环节的探索。

进入 20 世纪 70 年代，人们已经掌握了人工合成和分离基因的技术，分子遗传学开始建立基因工程这一新的研究领域。美国生物学家波尔蒂莫分离到 RNA 肿瘤病毒的逆转录酶，这在理论上丰富了生物信息流动的中心法则，实践上为基因工程中基因制备提供了更方便的工具；美国分子生物学家科拉纳在体外完整合成了 tDNA（转移 DNA）；1972 年，美国生物学家贝格在离体条件下首次合成重组 DNA；1975 年，英国分子生物学家萨瑟恩发明了凝胶电泳分离 DNA 的方法以及 DNA 原位杂交技术，为 DNA 检测奠定了基础。

1982 年经美国食品及药品管理局批准，用基因工程方法在细菌中表达产生的人的胰岛素进入市场，成为基因工程产品直接造福于人类的首例。1983 年，首例植物转基因在烟草上获得成功；1996 年，首个植物转基因产品—转基因番茄在美国投放市场。现在，基因工程的技术或产品在生物的定向遗传改良、药品与疫苗生产和医疗诊断与治疗等方面被越来越广泛地使用。

在这个时期，人们对基因的结构和核酸的功能有了更加深入的认识。特别值得一提的是，1983 年，美国生物化学家穆利斯发明了 DNA 体外扩增的聚合酶链式反应（PCR）技术。PCR 技术的应用极大地提高了基因的合成、基因的提取、基因载体构建、转基因的鉴定等基因工程操作环节的效率。

在分子遗传学研究的发展，尤其是基因工程领域研究的进展中，离不开各种实验技术的创新和应用，技术进步的同时又促进了遗传学知识的创新。

五、基因组学的发展

1990 年 10 月，被誉为生命科学的"登月计划"——国际"人类基因组计划"启动，沃森被定为人类基因组计划的协调人。至此，拉开了基因组学时期的序幕。这个由美国率先实施的人类基因组计划，旨在测定人类基因组全部核苷酸对的排列次序，构建控制人类生长发育的基因的遗传和物理图谱，确定人类基因组 DNA 编码的遗传信息。

利用基因组测序所获得的数据，可以寻找 DNA 序列上的基因组功能区域，分析基因的结构和与基因表达调控相关的各种元件，促进预测和发现新的基因，为发掘各种生物的新基因提供更广泛的遗传信息资源。目前，基因组学研究又派生出结构基因组学、功能基因组学、比较基因组学、生物信息学等分支领域，遗传学新知识不断涌现。

对人类基因组分析发现，基因结构并不紧凑，而是非常松散的，有相距很远的蛋白质编码区和调控区，一个基因的外显子之间相距可达几千个碱基对之遥；一些启动子不是位于基因的前面而是在基因的末端；一些 DNA 序列开始转录的位置与已知的"开始位点"相距几十万个碱基。

回顾遗传学的发展历史，可以看出遗传学是发展极快的科学，尤其是进入分子遗传学时期以后，两三年就有一次重大研究突破。进入 21 世纪以后，借助各种现代实验技术和分析手段，遗传学在广度和深度上都飞速发展。作为现代生物科学核心学科的遗传学，它的发展会给人们带来更多惊奇和无限期待。

第三节　遗传学在科学与生产发展中的作用

一、遗传学在科学发展中的作用

遗传信息的传递决定生命的延续，遗传信息的选择性表达决定生命的表现，因此作为遗传信息载体的基因是生命过程的主角，作为研究基因科学的遗传学，是支撑和连接生物学各个领域的核心，是"解释生物进化原因，阐明生物进化的遗传机制"①。

生物学某些分支学科，例如动、植物的解剖学，动、植物的生理学等，研究的是生物体各个层次上的结构和功能，而这些结构和功能实际上都是遗传与内外环境相互作用的结果。例如，受精卵的分化和器官的形成是不同的基因分别被激活或阻遏的结果，某些激素的合成是相关基因在一定条件下被激活的结果。

生物学的另一些分支学科，例如动物分类学、植物分类学、进化论等，研究了生命的多样性，描述了迄今所知的200万种以上生物的形态特征和生理特性，以及它们之间的亲缘关系和进化过程。而遗传学则根据基因和基因组的研究结果发现，包括噬菌体到人类的所有生命形态具有共同的遗传密码和共同的生物信息处理系统，它们的突变和重组机制也没有本质上的区别。由此可见，遗传学在揭示生命本质的研究中具有突出的重要性，是整个生物科学发展的焦点。

二、遗传学在生产发展中的作用

"遗传学的发展是与生产实践紧密联系在一起的。生产上升，推动遗传学前进，而遗传学进展又带动生产发展。"②

（一）遗传学与动植物和微生物的遗传改良

遗传学在指导动物、植物、微生物的育种实践中起到了重要的作用。早期的育种方法只限于选种和杂交，遗传学理论研究的成果则创新了育种手段、改进了育种方法、提高了育种效率。

例如：20世纪20年代以来将杂种优势原理应用于玉米，20世纪70年代将杂种优势和细胞质遗传原理应用于水稻，培育出了一些高产、优质、适应性强的品种，大大提高了粮食产量；利用单倍体加速小麦育种的进程；利用整倍体变异和非整倍体变异育成小偃麦品种、异源多倍体小黑麦、同源三倍体无子西瓜；等等。

基于细胞全能性和基因选择性表达原理的植物组织培养技术，已经在种苗生产中被广泛应用。抗菌素等新兴发酵工业的进步，使曾经主要依赖人工诱变育成的菌种，可以应用微生物的基因调控、转导、转化等原理来操作，育成了新菌种。

20世纪80年代以后，将转化的方法即DNA体外重组的方法应用于高等动物、植物，产生了一批新型的转基因动物、植物和生物反应器，进一步显示了以遗传学理论为基础的高新技术推动生产发展的威力。

（二）遗传学与农牧业的关系

遗传学理论是指导生产实践的主要基础理论之一。提高农畜产品的产量、增进农畜产

---

① 石春海，祝水金. 遗传学 [M]. 杭州：浙江大学出版社，2015：12.
② 宗宪春，施树良. 遗传学 [M]. 武汉：华中科技大学出版社，2015：4.

品的品质，最直接而主要的手段就是育种。应用各种遗传学方法，改造它们的遗传结构，以育成高产优质的品种。20 世纪 80 年代后，植物组织培养技术的发展，重组 DNA 技术的应用，将外源基因导入植物细胞，并在其中整合、表达和传代，从而创造出新型的作物品种，玉米、大豆、油菜、马铃薯等转基因品种已经大面积种植。

在动物育种方面，近年来，运用转基因、胚胎分割移植、克隆个体等技术培育出大量优良动物品种。例如：转基因的瘦肉型猪、高产奶的奶牛、快速生长的家畜和鱼类等已经进入实用阶段。目前，正在试验将人的基因转入猪中，目的是使器官移入人体而不发生排斥作用。

（三）遗传学与工业的关系

遗传学的诱变技术和理论使医药工业有了较大突破。由于不断地诱变和选育高产菌株，使抗生素的产量成百倍地增长。20 世纪 70 年代，基因调控原理的阐明，使一些国家将这一原理应用到微生物发酵工业，大大推动了氨基酸和甘氨酸的生产。在工业方面，遗传工程有一个重要的应用前景，就是设法培育一些与贵重金属有特殊亲和力的菌类，便于人们从废物、矿渣和海水中回收汞、金、铂等贵重金属，不仅节约资源，而且还可消除污染。

（四）遗传学与医疗保健

遗传学是指导人类优生以及预防、诊断、治疗癌症和遗传性疾病的理论基础，人类基因组计划的后续工作将为对付这两类疾病提供更为有效的手段，甚至传染性疾病的诊断方法也可能因 DNA 技术的进步而发生变革。

人类的大量疾病几乎都有某些遗传基础，如镰刀型细胞贫血症、血友病、囊性纤维化、肌肉萎缩症、猫叫综合征、唐氏先天愚症等都是遗传疾病，是由于单个碱基的突变或某种特殊的染色体变异造成的。了解这些疾病的遗传学原因，就可为其预防、诊断和治疗提供理论依据和防治方法，优生优育，提高人类的健康水平和生活质量。

癌症是当今威胁人类生命的一种严重的疾病，其发病机理研究和治疗方法已经有了一定进展。端粒和端粒酶与细胞寿命直接相关。端粒酶的激活和表达程度与肿瘤的发生和转移有着十分密切的关系。端粒酶在正常人体组织中的活性被抑制，在肿瘤中被重新激活，端粒酶可能参与肿瘤的恶性转化。

端粒酶于 1985 年在四膜虫细胞核提取物中首次被发现和纯化，属于逆转录酶，由 RNA 和蛋白质组成，其功能是合成染色体末端的端粒，使因每次细胞分裂而逐渐缩短的端粒长度得以补偿，进而稳定端粒长度。端粒酶在保持端粒稳定、基因组完整、细胞长期的活性和潜在的继续增殖能力等方面有重要作用，被认为与延缓衰老相关。

2012 年 10 月，美国科学家汤姆·切赫详细描述了一种新靶点可以用来开发抗癌药物，该靶点位于染色体的端粒部分。他们与实验室的研究人员合作找到一段氨基酸，如果药物阻断该氨基酸片段嵌入染色体末端，就可以防止癌细胞繁殖。在这个位点上的氨基酸一旦被修改，最终的染色体将得不到端粒酶，而端粒酶又是许多癌细胞生长所需要的，这将导致癌细胞凋亡或停止繁殖。这是一个令人兴奋的科学发现，为我们开发一种新的癌症治疗方法提供了全新的可能，使我们有理由相信，癌症被完全征服的时间不会太久了。

目前，随着转基因技术的发展，基因疗法治疗遗传疾病已经成为现实，胰岛素、生长激素、细胞因子及多种单克隆抗体等基因工程的药物已经生产上市，正在改善着患病人群的生存质量。

第一章　遗传的细胞学基础

细胞学是研究细胞的形态、结构和功能以及与细胞生长、分化、进化等相关联的生物学的一个分支学科。生物体的生理功能及一切生命现象，都是以细胞为基本单位而表达的。不论对生物体的遗传、发育以及生理机能的了解，还是对于作为医疗基础的病理学、药理学等以及农业的育种等，细胞学都至关重要。本章探究细胞的结构、染色体、细胞的分裂与生殖、细胞的生活周期。

第一节　细胞的结构

"生物界除了病毒等最简单的亚生命体以外都是由细胞组成的。细胞是生物体结构和生命活动的基本单位，生物的遗传与变异也是通过细胞有序的分裂与融合等活动来实现的。"[①] 所有的植物和动物，无论是低等的或高等的、简单的或复杂的、单细胞的或多细胞的生物，其生命活动都是以细胞为基础的。细胞是生物体形态结构和生命活动的基本单位，也是生长发育和遗传的基本单位。根据细胞核和遗传物质的存在方式不同，生物又可以分为原核生物和真核生物。

原核生物的细胞由于没有核被膜围绕，因此没有真正意义上的细胞核，遗传物质以裸露的形式分布在整个细胞中，有时也相对集中在一定区域，称为拟核。

真核生物的遗传物质则集中分布在由核膜包围的细胞核中，并与特定的蛋白质相结合，经过一系列压缩组装形成染色体。"由真核细胞组成的生物体，具有典型的细胞核结构，如单细胞藻类、真菌、原生动物、高等植物和动物等。"[②]

关于细胞的结构通过光学显微镜、电子显微镜和结合物理化学方法的观察与分析研究，被分为三个部分，即细胞膜、细胞质和细胞核。没有细胞核的细胞质、没有细胞质的细胞核都是不能较长时间生存的。因此细胞是由这三个组成部分组成的不可分割的统一体。

---

① 郭玉华. 遗传学 [M]. 北京：中国农业大学出版社，2014：11.
② 石春海. 现代遗传学概论（第2版）[M]. 杭州：浙江大学出版社，2017：19.

一、细胞膜

细胞膜又称质膜，是包围在细胞最外面的一层薄膜，是一切细胞不可缺少的表面结构，由蛋白质和脂质组成，其中还有少量的糖类、固醇类物质及核酸。细胞膜是一种嵌有蛋白质的脂质双分子层的液态结构，具有流动性，它的组成经常随着细胞生命活动的改变而变化。在真核细胞中，除了细胞膜外，细胞内还具有构成各种细胞器的膜，称为细胞内膜。细胞膜与细胞内膜统称为生物膜。

每一个细胞都是以细胞膜为界，使细胞成为具有一定形状的结构单位，从而调节和维持细胞内微环境的相对稳定性。对于植物而言，其细胞膜外还有一层由果胶和纤维素构成的细胞壁，因为两者皆可溶于盐酸，所以可用盐酸除掉细胞壁。这层细胞壁是无生命的，只对细胞起保护作用。

细胞膜的主要功能在于主动而有选择性地透过某些物质，既能阻止细胞内许多有机物质的输出，同时又能调节细胞外一些营养物质的输入。细胞膜上的各种蛋白质，特别是酶，可与某些物质结合，引起蛋白质的结构改变，即所谓变构作用，因而导致物质通过细胞膜而进入细胞或从细胞中排出，这对于多种物质通过细胞膜起着关键性的作用。细胞膜在信息传递、能量转换、代谢调控、细胞识别和癌变等方面也都具有重要的作用，为这些过程所涉及的生理生化反应提供场所，并通过对细胞内的空间进行分隔，形成结构、功能不同又相互协调的区域。

另外，在植物的细胞中还具有特有的结构——胞间连丝，它们是相邻细胞间的通道，植物相邻细胞间的细胞膜通过许多胞间连丝穿过细胞壁连接起来，因而相连细胞的原生质是连续的。胞间连丝有利于细胞间的物质转运，并且大分子物质可以通过细胞膜上这些孔道从一个细胞进入另一个细胞。

二、细胞质

细胞质是指细胞膜内、细胞核外的由蛋白质、脂肪、游离氨基酸和电解质组成的原生质，呈胶体溶液状态。原生质是指细胞所含有的全部生活物质，包括细胞质和细胞核两部分。细胞质中包含一些功能不同、形态各异、具有各自独特的化学组分，有的还能进行自我复制的重要结构，即细胞器，主要的细胞器有内质网、核糖体、高尔基体、线粒体和溶酶体。动物细胞和低等植物细胞中都有中心体，植物细胞还有特殊的结构，如液泡和质体等。

（一）线粒体

除细菌和蓝绿藻外，线粒体普遍存在于动植物细胞中。在光学显微镜下典型的线粒体呈粒线状，有时呈现颗粒状、很小的线条状、棒状或球状，大小不等，直径一般为 $0.5 \sim 1.0\,\mu m$，长度为 $1 \sim 3\,\mu m$，最长可达 $7\,\mu m$。电子显微镜下观察，线粒体由内、外两层膜组成。外膜光滑，内膜的不同部位向内折叠形成嵴。在相同组织的不同细胞中，线粒体的数量、形状也不一样。另外，在生长旺盛、幼小的细胞内含有大量的线粒体，而在衰老的细胞内，线粒体数量很少，甚至还会消失。

线粒体含有自身的 DNA，不同生物线粒体 DNA 长度不同，动物细胞中约 5 μm，原生动物或植物细胞中较长。线粒体内还有核糖体，能合成蛋白质，并有自身复制的能力。因此，线粒体在遗传上有一定的自主性。

在细胞的有丝分裂过程中，全部的线粒体都集中于纺锤丝周围，当纺锤丝牵引着染色体向两极移动时，原来的线粒体随之均匀地分成两份。正常的线粒体生命为一周，除可以通过分裂增生之外，还可以从细胞基质中形成新的线粒体。通过对线粒体进行化学分析发现，线粒体内含有多种参与氧化磷酸化的酶，可以传递和储存所产生的能量，是细胞的供能中心，所以通常被称为是细胞的动力工厂，细胞生命活动所必需能量的 95% 来自线粒体。

（二）核糖体

核糖体是微小细胞器，是细胞内蛋白质合成的主要场所，游离或附着于内质网上。普遍存在活细胞内，由大小不等的两个亚基组成，在细胞质中数量最多，是细胞中一个极为重要的组成部分。核糖体由大约 40% 的蛋白质和 60% 的 RNA 组成，其中 RNA 主要是 rRNA（核糖体核糖核酸），故亦称为核糖蛋白体。真核生物中的核糖体为 80S（S 为沉降单位，S 值可反映出颗粒的大小、形状和质量等），原核细胞和线粒体、质体中则为 70S。核糖体可以游离在细胞质或核质内，也可以附着在内质网上，或者有规律地沿 mRNA（信使核糖核酸）排列成一串链珠状的多聚核糖体。在线粒体和叶绿体中也都含有核糖体。

（三）内质网

内质网是由封闭的单层膜系统及其围成的腔形成的互相连通的网状结构。它的形态多样，不仅有管状，也有一些呈囊泡状或小泡状。除原核细胞如细菌及人体成熟红细胞外，内质网广泛分布在各种细胞中。在靠近细胞膜的部分可以与细胞膜的内褶部分相连，靠近细胞核的部分可以与核膜相通，它们像是分布在细胞质中的管道，把细胞膜与核膜连成了一个完整的膜体系。

内质网上常常附着许多的核糖体，凡是有核糖体附着的内质网均称为粗面（粗糙）内质网，没有核糖体附着的内质网则称为光面（滑面）内质网。有时两者是相互联系的。

粗面内质网既是核糖体的支架，又是新合成蛋白质的运输系统；光面内质网虽然与蛋白质的形成无关，但它参与糖原及脂类的合成，与固醇类激素的合成和分泌有关，是一种多功能性的结构。内质网的出现为真核细胞创造了一个极为理想的代谢环境，这样的一个膜系统能够将细胞基质分隔成若干区域，使细胞内一些物质的代谢活动能够在特定的环境条件下进行。

此外，内质网还可以在细胞极有限的空间内建立起很大的表面，使各种反应能够高效率地进行。内质网膜结构上的各种酶系，也能在最有利的空间关系中发挥作用。内质网是转运蛋白质合成的原料和最终合成的产物的通道。

（四）高尔基体

高尔基体，亦称高尔基复合体，是位于细胞核附近的一种网状结构。在电子显微镜下高尔基体是一些紧密地堆积在一起的囊状结构，有些膜紧密地折叠成片层状的扁平囊，有些扁平囊的末端扩大成大小不等的泡状或囊泡状结构。组成高尔基体的小囊泡、层状扁平囊和大囊泡并不是固定的构造，而是相互有关系的，是高尔基体机能活动不同阶段的形态表现。

高尔基体负责蛋白质加工、分类、包装、运输或分泌。例如：分泌性蛋白质在粗面内质网的核糖体上合成，然后沿着内质网的空腔进入高尔基体内，随后通过修饰即将寡糖分子连在蛋白质分子的氨基酸残基上，形成坚固的侧链，并且将修饰好的蛋白质包装到小囊泡中，然后这些小囊泡离开高尔基体，向细胞膜运输，之后或被分泌或被用于组成细胞。

（五）溶酶体

14

溶酶体是由单层膜包被的一种囊状结构，内含多种酸性水解酶，能把复杂的物质分解，用于细胞的消化过程。由于溶酶体有膜包被，其中的消化酶被封闭起来，不致损害细胞的其他部分。否则膜一旦破裂，将导致细胞因自溶而死亡。溶酶体对外源的有害物质和细胞内已经损坏的衰老的细胞器起分解作用，因而又是细胞内非常主要的防御、保护性细胞器。

溶酶体可分成三种类型：①初级溶酶体，它是由高尔基囊的边缘膨大而出来的泡状结构，因此它本质上是分泌泡的一种，其中含有各种水解酶。这些酶是在粗面内质网的核糖体上合成并转运到高尔基囊的。初级溶酶体的各种酶还没有开始消化作用，处于潜伏状态。②次级溶酶体，它是吞噬泡和初级溶酶体融合的产物，是正在进行或已经进行消化作用的液泡。有时亦称消化泡。在次级溶酶体中把吞噬泡中的物质消化后剩余的物质排出细胞外。吞噬泡有两种，异体吞噬泡和自体吞噬泡，前者吞噬的是外源物质，后者吞噬的是细胞本身的成分。③残余小体，又称后溶酶体，已失去酶活性，仅保留未消化的残渣。残余小体可通过外排作用排出细胞，也可能留在细胞内逐年增多，如表皮细胞的老年斑，肝细胞的脂褐质。常见的残余小体有脂褐质、含铁小体、多泡体和髓样结构等。

溶酶体的主要功能是参与细胞内的正常消化作用。大分子物质经内吞作用进入细胞后，通过溶酶体消化，分解为小分子物质扩散到细胞质中，对细胞起营养作用，还可以通过自体吞噬作用，消化细胞内衰老的细胞器，其降解的产物重新被细胞利用。

此外，在一定条件下，溶酶体膜破裂，其内的水解酶释放到细胞质中，从而使整个细胞被酶水解、消化，甚至死亡，发生细胞自溶现象。细胞自溶有重要的作用，如无尾两栖类动物尾巴的消失等。

（六）中心体

中心体主要见于动物及某些低等植物细胞，光学显微镜下中心体是由一对互相垂直的短筒状中心粒及其周围的比较致密的细胞质基质构成。细胞分裂的间期，中心体不易被观察到，而在细胞进行有丝分裂时特别明显。在电子显微镜下中心粒是短筒状的小体，这种短筒状的小体的筒壁是由九束环状结构环列而成，每束实际上又是由 A、B、C 三个更小的微管所组成。中心粒与细胞分裂中纺锤丝的排列方向和染色体的移动方向有着密切的关系。

（七）质体

质体是植物所具有的特殊的细胞器，分为叶绿体、白色体和有色体三种。叶绿体中含有绿色的叶绿素，是光合作用的主要场所。白色体与淀粉及类脂的产生有关。有色体主要含有类胡萝卜素。

质体当中最主要的是叶绿体，叶绿体的形状有盘状、球状、棒状和泡状等，叶绿体的大小、形状和分布因植物和细胞类型不同而变化很大。细胞内叶绿体的数目在同种植物中是相对稳定的，叶绿体也是双层膜，内含叶绿素的基粒由内膜的褶皱所包被，这些褶皱彼此平行延伸为许多片层。叶绿体的主要功能是光合作用，它必须在有光的条件下，才能利用光能而合成出碳水化合物等物质，而线粒体在黑暗条件下，仍能进行氧化磷酸化。叶绿体含有 DNA、RNA 和核糖体，能分裂增殖，也能合成蛋白质，还可能发生白化的突变。这些现象表明叶绿体具有特定的遗传功能，是遗传物质的载体之一。

（八）液泡

液泡是植物所具有的特殊构造，由内质网膨胀形成。在成熟的植物细胞中具有一个大的液泡，其体积约占细胞质体积的 90%。液泡内含有盐类、糖类以及其他物质。液泡在植物中的作用表现在以下三个方面：

（1）液泡可以把细胞质压迫到细胞靠外的边缘，细胞质在这里形成薄层，在这样的薄层之中很容易发生物质的交换。液泡的膜具有特殊的通透性。

（2）储存在液泡之中的糖类、盐类和其他物质往往浓度很大，会产生很高的渗透压，通过引起水分的向内流动，帮助植物保持其细胞的紧张度。

（3）液泡又是植物细胞的仓库，把细胞不能使用的或不需再用的物质储存起来。例如：在细胞的液泡内经常存在草酸钙的晶体。有些原生动物也含有液泡，原生动物可借助这个手段把一些废液或过量的水分排到外部。

15

三、细胞核

细胞核一般呈球形，大小相差很大，一般为 5 ~ 25 μm，最小的只有 1 μm，最大的可达 600 μm。由核膜、核液、核仁和染色质构成。细胞核是遗传物质聚集的场所，对细胞的发育、控制性状的遗传都起主导作用。

（一）核膜

核膜是由两层薄膜构成的，中间有空腔被称为核周隙，整个膜的总厚度为 200 ~ 400 Å（埃，长度单位），每层膜厚为 60 ~ 90 Å。核周隙厚度为 150 ~ 300 Å。外膜附着许多核蛋白体，其形态与粗面内质网相似，有时还可以看到它向细胞质的方向突出，甚至可以见到它与细胞质中的内质网相连。由于外膜在结构上与粗面内质网相似，而且在某些方面还与它相通，因此可以表明，核膜实质上是包围核物质的内质网的一部分，可以认为核膜是遍布整个细胞中膜系统的一部分，而不是独立的结构，这部分膜的特殊作用是把部分的核酸集中于细胞内某一特定的区域。

核膜概念可以帮助人们解释为何在细胞有丝分裂的前期核膜逐渐消失，核的范围不复存在，而到了有丝分裂的末期，在两个新合成的子细胞中又重新出现了核膜，原因就在于细胞分裂的前期，核膜裂解成碎片，然后在细胞质中形成圆形的小囊泡，在细胞分裂的较晚时期，这些囊泡移向两个子细胞，集聚在这些细胞的染色体物质的周围，随后展平形成新的核膜。

在核膜上有许多的小孔，称为核孔复合体，其所占面积为核膜总面积的 5% ~ 25%。核孔复合体的作用是传递遗传信息，与细胞的活性有着密切关系。

（二）核仁

核仁通常是单一的或者多个匀质的球形小体，呈圆形或椭圆形的颗粒状结构，没有外膜。核仁具有很大的折光率，根据折光率的不同，呈现均一的相或分为两相，其中一相比另一相更致密些，致密部分形成一个紧密集中的致密圆球，而较亮部分的物质是纤维丝状的。

在细胞分裂的间期、前期一般能看到细胞内有一个核仁，有时也会有 2 ~ 3 个甚至更多个核仁。在细胞分裂的短时间内消失，然后随着子细胞的产生而出现。在分裂过程中，核仁并不是真正"消失"，而是暂时分散开来，它的再次出现，是重新聚集的结果。核仁中含有较多的 RNA 和蛋白质，还可能有类脂和少量的 DNA，一般认为核仁与核糖体的合成有关，核糖体又和蛋白质的合成有关，因此核仁与蛋白质的形成是有密切关系的。人们早已观察到细胞内核仁的大小与细胞质内蛋白质的合成的旺盛程度有明显的关系。

（三）核液

核液（核基质）是被包围在核膜内的透明的物质，存在于细胞核内。其含有各种酶和

16

无机盐等，其成分与细胞质基质相似，含有很多组分，如多种蛋白质，为细胞核功能的正常发挥提供一个内环境。核仁与染色质就埋在核液之中。在电子显微镜下，可以看到核液是分散在低电子密度构造中的、直径为 100 ~ 200 Å 的小颗粒和微细纤维。

（四）染色质和染色体

（1）染色质。染色质是在细胞分裂间期，细胞核中易被碱性染料染上颜色的、纤细的网状物质。成分有 DNA、RNA、组蛋白和非组蛋白，比例为 1：0.05：1：（0.5 ~ 1.5）。显微镜下观察发现染色不均匀，这种染色质着色深浅不同的现象称为异固缩。着色浅的部位的染色质称为常染色质，着色深的部分称为异染色质。

（2）染色体。染色体是在细胞分裂时，细胞核内形成的能被碱性染料着色的一类棒状小体。在细胞分裂结束进入间期时，染色体又逐渐松散而回复为染色质。所以说，染色质和染色体实际上是同一物质在细胞分裂过程中所表现的不同形态，即相同物质在不同时期的表现形态。遗传学中通常把控制生物性状的遗传物质单位称为基因，试验表明基因就是按一定顺序在染色体上呈直线排列的。因此，染色体是遗传物质的主要载体，在生物的遗传和变异中起重要作用。

总之，细胞核是遗传物质聚集的主要场所，在功能上是遗传学信息传递的中枢，指导细胞内蛋白质的合成，对细胞的发育和控制性状的遗传都起着主导作用。

第二节　染色体分析

染色体是指在细胞分裂期出现的一种能被碱性染料强烈染色，并具有一定形态、结构特征的复合物质。染色体与细胞间期细胞核中的染色质的组成成分是一致的，二者是同一复合物在细胞周期的不同时期所表现出来的不同存在形式。

一、染色体的形态与类型

在细胞分裂过程中的不同时期，染色体的形态是不同的，会表现出一系列规律性的变化。其中以有丝分裂中期染色体的表现最为明显和典型，因为这个时期染色体收缩到最粗最短的程度，并且从细胞的极面上观察，可以看到它们分散地排列在赤道板平面上，所以通常都以中期染色体形态进行研究。

（一）染色体的形态

有丝分裂中期的染色体是由两条相同的染色单体构成的，它们彼此以着丝粒相连，互称为姊妹染色单体。姊妹染色单体是在细胞分裂间期经过复制形成的，它们携带相同的遗传信息。在形态上染色体一般由着丝粒、染色体臂、次缢痕、随体和端粒组成。

（1）着丝粒是在细胞分裂时纺锤丝附着的区域，这也是通常所称的着丝点部位。它是染色体分离的一种装置，也是姊妹染色单体在分开前相互连接的位置，每条染色体都有一个位置恒定的着丝粒，主要由蛋白质构成。经过碱性染料染色处理后，在光学显微镜下可以看到着丝粒所在的区域着色浅并表现缢缩，因此又被称为主缢痕。这个区域汇集了卫星 DNA，也就是短的 DNA 串联重复序列。着丝粒在细胞分裂过程中对染色体向两极的正确分配具有决定性作用，如果某一染色体因发生断裂而形成染色体断片，那么缺失了着丝粒的断片将不能正常地随着细胞分裂而分向两极，经常会丢失，而具有着丝粒的断片将不会丢失。

（2）染色体臂是指由着丝粒将染色体分成的两个臂，通常称为长臂（q）和短臂（p）。长短臂之比称为臂比或臂率。不同染色体的染色体臂的大小、形态和臂比各不相同，因此根据这些特征可识别各种染色体。

（3）次缢痕是指在某些染色体的一个或两个臂上常有的另外的缢缩部位，着色较淡。次缢痕的位置和范围，也与着丝粒一样都是相对恒定的，通常在短臂的一端。次缢痕与核仁的形成有关，在细胞分裂时，它紧密连着核仁，因此又称为核仁组织中心。

（4）随体是指染色体的次缢痕末端的圆形或略呈长形的染色体节段。随体的有无和大小形态等也是某些染色体所特有的识别特征。

（5）端粒是染色体两臂末端的特化部分，对碱性染料着色较深。它是一条完整染色体所不能缺少的，能把染色体的末端封闭起来，使染色体之间不能彼此连接。端粒是由特定的 DNA 重复序列及一些结合蛋白组成的特殊结构。

端粒的功能：第一，防止染色体末端被核酸酶降解；第二，防止染色体间相互融合；第三，使染色体末端在 DNA 复制中保持完整性。

（二）染色体的大小

不同物种的染色体或同一物种的不同染色体之间大小差异都较大。同一物种的染色体在宽度上大致相同，因此染色体的大小主要是指长度而言的。一般染色体长度为 $0.2 \sim 50.0 \ \mu m$，宽度为 $0.2 \sim 2.0 \ \mu m$。在高等植物中，一般单子叶植物的染色体比双子叶植物的染色体大些。但双子叶植物中牡丹属和鬼臼属例外，具有较大的染色体。玉米、小麦、大麦和黑麦的染色体比水稻的大，棉花、苜蓿和三叶草等植物的染色体较小。

（三）染色体的类型

由于各个染色体着丝粒的位置是恒定的，这直接关系到染色体的形态表现。因此，根据着丝粒的位置可以将染色体分为以下几种类型：

（1）中间着丝粒染色体（M）。着丝粒基本上在染色体的中部，两臂大致等长，臂比为 1.00 ~ 1.67。在细胞分裂后期，当染色体由纺锤丝向两极牵引时表现为"V"形，因此也称为"V"形染色体。

（2）近中着丝粒染色体（SM）。着丝粒略偏离染色体的中部，两臂长度不等，臂比为 1.68 ~ 3.00。在细胞分裂后期，当染色体由纺锤丝向两极牵引时表现为"L"形，因此也称为"L"形染色体。

（3）近端着丝粒染色体（ST）。着丝粒远离染色体中部，两臂长短差异很大，臂比为 3.01 ~ 7.00。色体由纺锤丝向两极牵引时表现为近似"I"形，因此称为"I"形染色体。

（4）远端着丝粒染色体（T）。着丝粒在染色体的一端，臂比在 7.00 以上。由于只有一条臂，故也称为棒状染色体。

（5）粒状染色体。两臂都非常粗短，染色体呈颗粒状。

二、染色质的类型与结构

（一）染色质的类型

根据染色反应，可将间期细胞核中的染色质分为常染色质和异染色质两种。对碱性染料着色浅且着色均匀、螺旋化程度低、处于较为伸展状态的染色质为常染色质，是构成染色体 DNA 的主体；对碱性染料着色深、螺旋化程度较高、处于凝集状态的染色质为异染色质。

常染色质和异染色质在结构上是连续的，在同一条染色体上既有常染色质又有异染色质，或者说既有染色浅的区域（解螺旋而呈松散状态）又有染色深的区域（高度螺旋化而呈紧密卷缩状态），这种差异表现称为异固缩现象。构成常染色质的 DNA 主要是单一序列 DNA 和中度重复序列 DNA，其基因具有转录和翻译的功能，是活性区域。异染色质一般不编码蛋白质，是惰性区域，只对维持染色体结构的完整性起作用。异染色质的复制时间总是迟于常染色质。

异染色质又可分为结构异染色质（组成型异染色体）和兼性异染色质（功能型异染色质）。结构异染色质就是通常指的异染色质，它是一种永久性异染色质，在染色体上的位置和大小都较恒定，常出现在端粒、次缢痕、着丝粒附近或染色体臂内某些节段处，在细胞周期中，除复制阶段以外均处于螺旋化状态，染色很深，主要由相对简单、高度重复的 DNA 序列构成，比常染色质具有较高比例的 G、C 碱基。结构异染色质可以构成染色体的一部分，也可以组成整条染色体，例如果蝇的 Y 染色体和第 4 染色体（点状染色体），几乎完全由结构异染色质组成的。

此外，在某些动、植物细胞核中除正常染色体（称为 A 染色体）外，还有一类数目不定的染色体，称为 B 染色体或超数染色体或副染色体。大多数动物的 B 染色体是由结构异染色质所组成。

兼性异染色质，又称X性染色质，它起源于常染色质，具有常染色质的全部特点和功能，其复制时间、染色特征与常染色质相同。但在特殊情况下，在个体发育的特定阶段，它可以转变成异染色质，一旦发生这种转变，则获得了异染色质的属性，如发生异固缩、迟复制、原有的基因失活等变化。例如：在哺乳动物和人类胚胎发育早期的雌性体细胞的两条X染色体中的任何一条出现异染色质化现象，就称为X染色体失活，这条失活的X染色体就属于兼性异染色质。

（二）染色质的结构

细胞有丝分裂中期染色体的每条染色单体均是由一条染色质线折叠压缩而成的。染色质结构是串珠模型，染色质的基本结构单位是核小体、连接丝和一个分子的组蛋白 H_1。每个核小体的核心是由 H_{2A}、H_{2B}、H_3 和 H_4 四种组蛋白各2个分子组成的八聚体，其形状近似于扁球形，DNA双螺旋分子就盘绕在这八个组蛋白分子的表面。连接丝把两个核小体串联起来，它是两个核小体之间的DNA双链。组蛋白 H_1 位于连接丝和核小体的接合部位影响连接丝与核小体接合的长度，并锁住核小体DNA的进出口，从而稳定了核小体的结构。

一般一个核小体及其连接丝含有 $180 \sim 200$ 个碱基对（bp）的DNA，其中约146bp按照左手螺旋方向盘绕在核小体表面1.75圈，其余碱基对则为连接丝，其长度变化很大，从 $8 \sim 114$ bp 不等。

关于染色质是如何进一步螺旋化形成染色体的，人们曾提出不同的模型。目前被认为比较合理的是四级结构模型。按照四级结构模型，核小体组成的串珠式染色质线是染色体的一级结构。直径为10 nm的染色质线螺旋化，每一圈包含6个核小体，形成了外径30 nm、内径10 nm、螺距11 nm的螺线体，这是染色体的二级结构。

螺线体再螺旋化形成直径为400 nm的圆筒状超螺线体，这是染色体的三级结构。超螺线体再次折叠盘绕和螺旋化，形成直径约1 μm的染色体。在这一过程中，DNA分子的长度经过一、二、三和四级结构分别被压缩了7倍、6倍、40倍和5倍，则DNA分子的长度总的被压缩了 $7 \times 6 \times 40 \times 5 = 8400$（倍）。所以，经过4次压缩后，染色体中的DNA双链分子最初的长度大致被压缩了8000 ~ 10000倍。

三、染色体的数目

各种生物的染色体不仅形态结构是相对稳定的，而且数目也是恒定的。它在体细胞中成对，在性细胞中成单。体细胞中成对的染色体形态、结构和遗传功能相似，一个来自母本，一个来自父本，称为同源染色体。对于同一物种，每个个体的染色体数目是相同的，不同的物种之间染色体的数目差异很大，少的只有一对，多的可达数百对。在被子植物中，有一种菊科植物只有2对染色体，但瓶尔小草属的一些物种却含有400 ~ 600对以上的染色体。

通常情况下，被子植物比裸子植物的染色体数目多。但染色体数目的多少与该物种的进化程度一般并无关系。某些低等生物可比高等生物具有更多的染色体，或者相反。但是染色体的数目和形态特征对于鉴定系统发育过程中物种的亲缘关系，特别是对于近缘物种的分类，具有重要意义。

通常用2n代表生物的体细胞染色体数目，n代表性细胞染色体数目。例如：水稻2n=24，n=12；小麦2n=42，n=21；人类2n=46，n=23。

四、染色体的核型及其分析

每一生物的染色体的形态特征和数目的多少都是特定的，这种特定的染色体组成称为染色体组型或核型。按照染色体的数目、大小和着丝粒位置、臂比、次缢痕和随体等形态特征，对生物细胞核内的染色体进行配对、分组、归类、编号和分析的过程称为染色体组型分析或核型分析。在进行核型分析的过程中，可根据各染色体特征将其绘制成图，称为核型模式图。随着染色体显带技术的建立和发展，可以利用特殊染料进行处理，使染色体在不同的部位呈现出大小和颜色深浅不同的带纹，所形成的带型不仅具有种、属特征，而且相对稳定。因而根据带型，结合染色体的其他形态特征，能更确切地区分细胞内的各个染色体。如果染色体特定的带型发生了变化，则表明该染色体的结构发生了改变。

染色体核型分析技术已在医学上得到广泛应用，可用来诊断由于染色体异常而引起的遗传性疾病。该技术在动植物育种、研究物种间的亲缘关系、探讨物种进化机制、鉴定远缘杂种、追踪鉴别外源染色体或染色体片段等方面都具有十分重要的利用价值。

五、特化染色体

一般染色体普遍存在于生物细胞，另外有一些特殊的染色体，则只存在于某些生物的特定组织或某些群体，这些染色体称为特化染色体。它们大体上可以分为两类：一类是暂时性的，另一类是永久性的。暂时特化染色体与正常染色体之间存在着严格的对应关系，它们只是正常染色体的临时性结构和形态的变化，例如多线染色体和灯刷染色体。

永久特化染色体是一种特殊类型的染色体，是生物在进化过程中适应特殊的遗传功能而分化出来的，或是因具备某种特殊的传递机制而保留在群体中的一类染色体，例如性染色体和超数染色体等。

（一）多线染色体

1881年，意大利细胞学家巴尔比尼在双翅目摇蚊幼虫的唾腺细胞中发现了多线染色体，以后，陆续在黑腹果蝇和其他一些双翅目昆虫幼虫的唾腺和神经细胞以及蚊子幼虫的肠细胞中也观察到了这种巨大的染色体，其长度是体细胞染色体的100倍以上，比一般染色体粗 1000 ~ 2000 倍。黑腹果蝇的这种巨型染色体是体细胞分裂间期染色体的存在形式。

多线染色体与其他体细胞染色体的主要区别有两点：一是同源染色体发生紧密联会，二是两条同源染色体的染色线都进行过多次复制，但复制后的染色线彼此不再分开，而是形成 1024 条或 2048 条的多线体。这种巨型多线体在整个长度上并不是均质的，染色特性也不相同，因而形成许多染色深浅不同的横带。这种带纹对每条染色体来讲都具有相对的特异性和稳定性，所以具有鲜明的个体性。化学分析表明，染色深的带纹区，其 DNA 和组蛋白的含量比浅带区要高。

多线染色体也能在其他动物或植物中观察到，一般不存在同源染色体联会，横带也不那样清楚。多线染色体通常发生在营养组织的细胞中，例如菜豆的胚柄细胞，以及若干种植物胚囊中的反足细胞等。

利用多线染色体既可鉴别染色体结构和数目的变化，又可研究个体发育中的基因调控现象等，因此它具有重要的遗传研究价值。

（二）灯刷染色体

灯刷染色体是处于双线期具有特殊形态的染色体，因其外形呈绒毛状，类似灯刷而得名。在许多动物，如鱼类、鸟类、两栖类、爬行类以及一些无脊椎动物的卵母细胞也发现了这类染色体。其中两栖类动物卵母细胞中的灯刷染色体最为典型，研究也最为深入。在植物中，如玉米和垂花葱减数分裂中有时也可出现不典型的灯刷染色体；在大型单细胞的地中海伞藻中也观察到了典型的灯刷染色体。

灯刷染色体的形态看起来像是在细胞分裂间期，实际上同源染色体间早已进行了联会和交换，停留在双线期。在卵细胞成熟之前，染色体的这种状态可以长时间得到保持。

第三节　细胞的分裂与生殖

细胞分裂是生物实现生长与繁殖的必要方式。在细胞分裂过程中，作为遗传物质主要载体的染色体通过一系列有规律的变化使自己得到合理分配，保证遗传物质能从母细胞精确地传递给子细胞，从而保证生物的正常生长、发育和物种的连续性和稳定性。染色体在细胞分裂过程中承担着关乎生物遗传与变异的主要角色，因此染色体在细胞分裂过程中的形态与行为、数量与质量等变化特点及其所带来的结果是本节关注的核心内容，这也是理解掌握遗传学基本规律的重要基础。

细胞分裂的方式包括无丝分裂和有丝分裂，减数分裂是特殊的有丝分裂。

无丝分裂又称为直接分裂，当细胞生长到一定程度后，细胞核开始拉长，渐渐缢裂成两部分，接着细胞质也分裂，从而成为 2 个子细胞。因为在整个分裂过程中看不到纺锤丝，所以被称为无丝分裂。无丝分裂不但是原核生物（如细菌）主要的细胞分裂方式，而且在高等生物的多种组织中也有发现。如植物的薄壁组织细胞、木质部细胞、绒毡层细胞、愈伤组织以及小麦的分蘖节、胚乳细胞等都发现过无丝分裂；动物的胎膜、填充组织和肌肉组织以及一些肿瘤和愈伤细胞等也经常可以观察到无丝分裂的发生。

无丝分裂不像有丝分裂那样经过染色体能有规律、准确地分裂，因此，无丝分裂的结果可能会使遗传物质不能平均分配，从而导致细胞间的稳定性较差。

一、细胞的有丝分裂

（一）细胞有丝分裂的过程

高等生物的细胞增殖和个体生长是通过细胞的多次有丝分裂完成的。从细胞上一次分裂结束到下一次分裂完成的整个过程称为细胞周期。细胞周期是一个连续的动态变化过程，但为了便于描述，可以人为地将其划分为一个分裂间期和一个分裂期。

细胞周期中，两次连续有丝分裂之间的时期为分裂间期。在间期，用光学显微镜进行观察，可以看到活体细胞的细胞核是均匀一致的，看不见染色体，这是因为此时染色体伸展到最大限度，处于高度水合的、膨胀的凝胶状态，折射率大体上与核液相似。这时从细胞外表来看似乎是静止的，但实际上，通过细胞生理生化的研究证明，细胞核在间期进行着染色体的 DNA 复制和组蛋白的加倍合成。同时，细胞核在间期的呼吸作用很低，有利于在分裂期到来之前储备足够多的易于利用的能量。

细胞在间期进行生长，使核体积和细胞质体积的比例达到最适的平衡状态，有利于细胞的分裂。根据间期 DNA 的合成特点，可将间期划分为 G_1、S、G_2 三个时期。

G_1 期为 DNA 合成前期，是细胞分裂周期中的第一个间隙，主要进行细胞生长，合成各种大分子物质和多种蛋白质等，为 DNA 的复制做准备。不分裂的细胞就停留在 G_1 期，也称为 G_0 期。有的细胞可在 G_1 期合成一种抑制素，它与细胞停留在 G_1 期有关。

S 期是 DNA 的合成期，或称染色体复制期。此期进行 DNA 的复制，使 DNA 的含量加倍。

G_2 期是 DNA 合成后期，是从 DNA 合成后到细胞开始分裂前的间隙，可合成某些蛋白质，引导细胞进入分裂期。

这三个时期持续时间的长短因物种、细胞种类和生理状态的不同而不同。一般 S 期的时间较长，且较稳定，G_1 和 G_2 期的时间较短，变化也较大。

在整个细胞周期中，大部分时间都处于间期，分裂期占的时间很短。无论是在体内还是在体外，只有 5% ~ 10% 的细胞处于分裂期。

细胞分裂是一个连续的过程，为了便于描述，一般根据染色体与核分裂的变化特征，将分裂期分为前期、中期、后期和末期四个时期。

23

（1）前期。细胞核内出现细长而卷曲的染色体，逐渐缩短变粗。每个染色体有2个染色单体，互称为姊妹染色体或子染色体，但染色体的着丝粒还没分裂。核膜、核仁逐渐模糊，变得不明显。植物细胞的两极出现纺锤丝。而动物细胞中的中心粒分裂为两部分，并分开向两极移动，每个中心粒周围出现星射线，在前期的最后阶段逐渐形成丝状的纺锤丝。核膜、核仁的解体消失标志着前期的结束。

（2）中期。细胞中形成纺锤体，每一个染色体的着丝粒都与纺锤丝相连。接着，染色体开始向赤道板移动，最后染色体的着丝粒整齐地排列在赤道板上。中期染色体卷缩得最短、最粗，且分散排列在赤道板上，因此，这是进行染色体鉴别和计数的最佳时期。

（3）后期。每个染色体的着丝粒都纵向分裂为两部分，染色单体各自成为一条独立的染色体。由于纺锤丝的牵引，子染色体分别向两极移动，因而两极各具有与母细胞同样数目的染色体。

（4）末期。当子染色体到达两极，便进入末期。染色体的螺旋化结构逐渐消失，又变得松散细长，核膜、核仁重新出现，于是在一个母细胞中形成了2个子核。接着细胞质也分裂，由2个子核中间赤道板区域残留的纺锤丝等形成细胞板，将细胞质一分为二。植物细胞在细胞板两侧还会积累多糖，最后形成细胞壁。一个母细胞变成了两个子细胞，分裂结束。每个子细胞又处于下一个细胞周期的间期状态。

细胞有丝分裂过程中各时期所经历的时间长短，因物种和外界环境条件不同而不同。一般前期最长，可持续1～2小时，中期、后期和末期都较短，为5～30分钟。

（二）细胞有丝分裂中的特殊情况

（1）多核细胞。细胞核进行多次重复分裂，而细胞质却不分裂，因而形成具有许多游离核的细胞，称为多核细胞。医学上在白血病患者的血样中观察到了多核的瘤细胞。

（2）核内有丝分裂。核内有丝分裂有两种情况：①核内染色体中的染色线连续复制后，其染色体也分裂，但其细胞核本身不分裂，结果数目加倍了的这些染色体都留在一个核里。这种情况在组织培养的细胞中较为常见，植物花药的绒毡层细胞中也有发现。②核内染色体中的染色线连续复制后，其染色体并不分裂，仍紧密聚集在一起，形成多线染色体。

（三）细胞有丝分裂的遗传学意义

有丝分裂的主要特点：染色体复制一次，细胞分裂一次，染色体精确地分配到两个子细胞的细胞核中，使子细胞含有与母细胞质量和数量相同的遗传信息。因此，有丝分裂既维持了个体的正常生长和发育，也保证了物种的连续性和稳定性。植物由无性繁殖所获得的后代能保持其母体的遗传性状，就在于它们是通过有丝分裂而产生的。

对于细胞质来说，在有丝分裂过程中，虽然线粒体和叶绿体等细胞器也能通过复制而增殖数量，但它们在细胞质中的分布是不均匀的，数量也不恒定，因而在细胞分裂时它们是随机且不均等地分配到两个子细胞中去。因此，任何由线粒体、叶绿体等细胞器所决定的遗传表现，是不可能与染色体所决定的遗传表现具有同样规律性的，它们属于细胞质遗传（核外遗传）。

二、细胞的减数分裂

减数分裂又称为成熟分裂，是性母细胞成熟后所发生的一种特殊方式的有丝分裂。染色体复制一次，而细胞连续分裂两次，结果细胞染色体数目由2n减为n，故称为减数分裂。经过减数分裂形成的子细胞，将发育成性细胞（配子）。减数分裂持续的时间要比有丝分裂长许多倍，从十几个小时（矮牵牛）、到十几天（小贝母）、到数月（落叶松），直至数年（人的卵母细胞）。减数分裂的出现与有性生殖的繁殖方式是分不开的。

（一）细胞减数分裂的过程

性母细胞进行减数分裂之前也有一个间期，称为减数分裂前间期，与有丝分裂前的间期很相似，也划分为 G_1、S、G_2 三个时期，但其 S 期比有丝分裂的 S 期长。减数分裂包括两次连续的细胞分裂：其中第一次分裂是减数的，比较复杂；第二次分裂是等数的，相当于一次简单的有丝分裂。

1. 减数第一次分裂

减数第一次分裂分为 4 个时期：包括前期 I、中期 I、后期 I 和末期 I。

（1）前期 I 持续时间最长，约占全部减数分裂时间的 1/2。这一时期染色体的变化十分复杂，可进一步分为以下 5 个亚时期：

1）细线期，也称为凝线期或花束期。细胞核内出现染色体，细长如线，盘绕成团，每个染色体包括两条染色单体，由一共同的着丝粒连在一起，但在光学显微镜下看不出是由两条染色单体组成的。

2）偶线期，又称为合线期。染色体进一步缩短变粗，同源的染色体对应部位相互靠拢，两两准确配对，称为联会。联会过程中，在同源的染色体之间出现联会复合体，其主要成分是自我集合的蛋白质，具有固定同源染色体的作用。联会的一对同源染色体称为二价体，每个二价体实际上包含 4 条染色单体，其中由同一着丝粒连接的 2 条染色单体互称为姊妹染色单体，由不同的着丝粒连接的染色单体互称为非姊妹染色单体。联会的完成是偶线期结束的标志。

3）粗线期，二价体逐渐缩短加粗，同源染色体联会得很紧密，在非姊妹染色单体之间发生的某些节段的交换，造成遗传物质的重组，从而产生遗传变异。

4）双线期，染色体继续缩短变粗，联会的同源染色体因非姊妹染色单体之间的相互排斥而分离，联会复合体开始解体。但由于非姊妹染色单体在粗线期的交换，使不同二价体的不同部位出现数目不等的交叉，同源染色体在交叉处仍然维持在一起。交叉是交换的结果，交叉数目的多少因染色体的长度而异，一般较长的染色体的交叉数较多。交叉现象的出现，是进入双线期的一个明显标志。

5）终变期，又称为浓缩期。染色体螺旋化程度更高，更为浓缩粗短，交叉端化，使有的二价体形成"O"状。这里的端化是指二价体中的交叉随着同源染色体的相斥分离而沿着染色体向端部移动，交叉数目减少，且逐渐接近末端的过程。终变期因二价体在核内较均匀地分散开，所以是鉴定性母细胞染色体数目的最佳时期。此时期核膜、核仁消失，标志着前期Ⅰ结束，进入中期Ⅰ。

（2）中期Ⅰ，核膜崩溃，核仁消失，出现纺锤体。各二价体排列在赤道板上，但不像有丝分裂中期染色体排列得那样整齐。每个二价体的两个着丝粒分别朝向细胞的两极。二价体中的每条染色体在赤道面上的定位取向是随机的，于是决定了同源染色体的两个成员将要分向细胞两极的去向也是随机的。

（3）后期Ⅰ，由于纺锤丝的牵引，各二价体的两个同源染色体分别被拉向细胞的两极，每一极只分到每对同源染色体中的一个，即每一极只获得了 n 个染色体，染色体数目减少了 1/2。但每个染色体仍包含 2 条染色单体，因为着丝粒未分裂，所以 DNA 量并未减少。

26

（4）末期Ⅰ，染色体到达两极后便进入了末期Ⅰ，染色体松散变为细丝状，核膜、核仁重新出现，逐渐形成子核，同时细胞质也分为两部分，形成 2 个子细胞，称为二分体。但有些生物这时细胞质并不发生分裂，实际上只是细胞核进行了一次分裂。例如芍药属植物，在末期Ⅰ细胞质就不分裂，而是在第二次减数分裂完成后才进行分裂。

从末期Ⅰ结束到第二次减数分裂开始前，一般有一个短暂的间期，但不进行 DNA 复制，称为减数分裂间期或中间期。有些生物几乎没有中间期，而是在末期Ⅰ后紧接着就进入减数第二次分裂。

2. 减数第二次分裂

减数第二次分裂与有丝分裂的过程十分相似，分为 4 个时期，包括前期Ⅱ、中期Ⅱ、后期Ⅱ和末期Ⅱ。分裂后，每个细胞核内的 DNA 含量又减少了 1/2，变成了单倍体核（n）。

（1）前期Ⅱ，染色体又开始浓缩，每个染色体有 2 条染色单体，由同一着丝粒连接在一起，但染色单体彼此散得很开。前期Ⅱ晚期，核膜再次解体，纺锤体逐渐形成。

（2）中期Ⅱ，每个染色体的着丝粒整齐地排列在细胞的赤道板上，随后着丝粒分裂，进入下一个时期。

（3）后期Ⅱ，着丝粒分裂为二，每个染色单体由纺锤丝分别拉向两极，子染色体成为独立的染色体。当此期结束时，每一极都具有 n 个染色体。

（4）末期Ⅱ，染色体到达两极并再次松散变为细丝状，核膜、核仁再现。随后细胞质发生分裂，结果产生 4 个染色体数为 n 的子细胞，称为四分体、或四分子、或四分孢子。

（二）细胞减数分裂的遗传学意义

在生物的生活周期中，减数分裂是配子形成过程中的必要阶段，在遗传学上具有重要的意义。

首先，每个性母细胞通过减数分裂，产生 4 个染色体数目减半（n）的子细胞，再进一步发育成雌雄性细胞，即配子。雌雄配子受精后，产生的合子及由合子发育成的个体又恢复为 2n 的染色体数，从而保证了亲代与子代之间染色体数目的恒定性，为后代的正常发育和性状遗传提供了物质基础，同时保证了物种遗传的相对稳定性。

其次，在减数分裂过程中，各对同源染色体中的哪一条在后期Ⅰ分向两极中的哪一极是随机的，非同源染色体在后期Ⅰ中的组合方式也是随机的，因此导致了不同子细胞或配子中染色体组合方式的多样性，使配子受精后得到的子代群体产生多样性变异。有 n 对染色体，就可能有 2n 种组合方式，产生 2n 种不同的配子，这就是生物产生遗传变异的主要原因。

同时，在减数分裂过程中，同源染色体的非姊妹染色单体间会发生交换，导致染色体节段及其遗传物质的重新组合，进一步增加了配子中遗传差异的多样性，使生物后代出现更多的变异类型。这不仅有利于生物的适应及进化，而且也为动植物育种提供了更丰富的变异材料。

三、细胞的有性生殖

生物的生殖包括无性生殖和有性生殖两种基本方式。

无性生殖是不经过生殖细胞结合，直接由母体产生子代的生殖方式。它有四种不同的表现形式：一是如细菌分裂产生的子细胞即是它的后代；二是如红色面包霉的菌丝体能产生分生孢子，分生孢子萌发又形成新的菌丝体；三是如酵母长出芽体，芽体长大后脱离母体而成为独立的个体；四是如有些植物利用块根、块茎、鳞茎、球茎、芽眼和枝条等营养体产生后代。植物组织培养也属于无性生殖。无性生殖或无性生殖产生的后代称为"克隆"。

有性生殖是通过亲本的雌雄配子受精而形成合子，再由合子进一步分裂、分化和发育产生后代的生殖方式。有性生殖是最普遍、最重要的生殖方式，大多数动、植物都进行有性生殖，而且在一定条件下，进行无性生殖的生物也能进行有性生殖。

27

（一）雌雄配子的形成

1. 高等动物的配子形成

高等动物（以哺乳动物为代表）都是雌、雄异体，其生殖细胞分化很早，在胚胎发生过程中就已经形成。这些细胞藏在生殖腺中，待个体发育成熟时，开始进行减数分裂，形成配子。

雄性个体的生殖腺（睾丸）的生精小管的生殖上皮细胞（二倍体的原生细胞），经过反复的有丝分裂，形成一群精原细胞，通过生长，精原细胞可以分化为二倍体的初级精母细胞，它能够进行减数分裂，结果形成 4 个精细胞。精细胞在成熟过程中几乎全部的细胞质挤成一条鞭状长尾，细胞转化为成熟的雄配子，即精子。

雌性个体的生殖腺（卵巢）的生殖上皮的卵原细胞（二倍体的原生细胞），经过多次有丝分裂转化为二倍体的初级卵母细胞，它能够进行减数分裂，结果形成 1 个充满卵黄的卵细胞和 3 个次级极体（又称第二极体）。通过进一步的生长和分化，卵细胞成为成熟的雌配子，即卵子或卵细胞。

2. 高等植物的配子形成

高等植物（以被子植物为代表）不存在早期便分化了的生殖细胞，而是到个体发育成熟后，才从体细胞中分化形成。高等植物有性生殖的全部过程都是在花器里进行的，由雌蕊和雄蕊内的孢原细胞经过一系列的有丝分裂和分化，最后经过减数分裂产生大、小孢子，再进一步发育成为雌性配子（卵细胞）和雄性配子（精子）。

被子植物的雄性配子是在雄蕊的花药里产生的。由花药里的孢原组织细胞（2n）分化出花粉母细胞（2n），也称为小孢子母细胞。每个花粉母细胞经过减数分裂形成染色体数目减半（n）的 4 个小孢子，并进一步发育成 4 个单核的花粉粒。之后，每个单核花粉粒再进行一次没有胞质分裂的有丝分裂（核分裂），形成双核花粉粒，通常此阶段就可以散粉了。花粉管萌发后，双核中的一个成为生殖细胞核，并再次进行没有胞质分裂的有丝分裂（核分裂），形成两个精子核；另一个核不分裂，成为管核（n），也称为花粉管核或营养核。三个核在遗传上应该完全相同，这样一个成熟的花粉粒称为雄配子体。

被子植物的雌性配子是在雌蕊的子房里产生的。子房里着生着胚珠，在胚珠的珠心组织里分化出胚囊母细胞（2n），也称为大孢子母细胞。由一个胚囊母细胞经过减数分裂形成 4 个直线排列的染色体数目减半的大孢子（n），即四分孢子。其中 3 个大孢子发生退化而自然解体，养分被吸收利用，只有远离珠孔端的大孢子继续发育，进行三次没有胞质分裂的有丝分裂（核分裂），形成一个具有 8 个单倍体核的大细胞（未成熟的胚囊）。8 个核中的 3 个核定位于珠孔端附近，其中的 1 个发育成卵核，另 2 个变成能分泌吸引花粉管物质的助细胞；还有 3 个核移至相反的一端，变为 3 个反足细胞；剩余的 2 个核称为极核，移至胚囊的中心附近并融合，形成一个二倍体的融合核。此时的胚囊被称为雌配子体，已经为受精做好了准备。

（二）受精

雌雄配子融合成一个合子的过程称为受精。对于植物来说，有一个授粉的过程，并且为双受精。

花粉粒从花药中释放出来传递到雌蕊柱头上的过程称为授粉。授粉后，花粉粒在柱头上萌发，形成花粉管，花粉管穿过花柱、子房和珠孔，进入胚囊，花粉管延伸时，营养核走在两个精核的前端。一旦接触到助细胞，花粉管就破裂，助细胞也同时解体。两个精核进入胚囊，一个与卵细胞结合形成合子（2n），以后发育成种子胚；另一个与两个极核（n+n）结合形成胚乳核（3n），将来发育成胚乳。这一过程称为双受精。

胚（2n）、胚乳（3n）和种皮（2n）组成了种子。胚和胚乳是受精的产物，而种皮却不是。种皮（或果皮）是由母本花朵的营养组织，如胚珠的珠被、子房壁等发育而来的。因此，从遗传组成上来讲，一个正常的种子是受精产物的胚（2n）、胚乳（3n）和母体（2n）组织2世代3部分密切结合的嵌合体。

（三）直感现象

如果在3n胚乳的性状上由于精核的影响而直接表现父本的某些性状，这种现象称为胚乳直感或花粉直感。一些单子叶植物的种子常出现这种现象。例如：将黄粒玉米的花粉授给白粒玉米，当代所结籽粒就表现父本的黄粒性状。如果种皮或果皮组织在发育过程中，由于花粉影响而表现父本的某些性状，则称为果实直感。例如：棉花纤维是由种皮细胞延伸的，在一些杂交试验中，当代棉籽的发育常因受父本花粉的影响，而使纤维长度、纤维着生密度表现出一定的果实直感现象。

胚乳直感和果实直感虽然由于花粉是否参与受精而有明显的区别，但是，它们同样是由花粉影响而引起的直感现象。

第四节　生活周期

生活周期就是指个体发育的全过程。不同的生物会有不同的生活周期。一般有性生殖的动植物的生活周期是指从合子到个体成熟再到个体死亡所经历的一系列发育阶段。大多数植物的生活周期都有两个显著不同的世代，即二倍体的孢子体世代和单倍体的配子体世代。孢子体世代也称无性世代，配子体世代又叫有性世代。无性世代和有性世代交替发生，称为世代交替。在低等植物如苔藓类中，配子体是十分明显且独立生活的世代，孢子体小且依赖于配子体。在高等植物（蕨类、裸子植物、被子植物）中，情况恰好相反，孢子体是独立、明显的世代，而配子体则不明显。裸子植物和被子植物的配子体，则是完全寄生的世代。例如，被子植物中雄配子体已缩小为一个三核花粉粒，雌配子体也仅为一个八核胚囊，周围由子房组织包围并提供营养。

一、低等植物的生活周期

以红色面包霉为例说明低等植物的世代交替。红色面包霉属于子囊菌是丝状的真菌。它一方面能进行有性生殖，并且具有像高等动植物那样的染色体；另一方面又能像细菌那样具有相对较短的世代周期。它的单倍体世代（n=7）是多细胞的菌丝体和分生孢子，由分生孢子发芽形成新的菌丝，这是它的无性世代。一般情况下，它都循环进行这样的无性繁殖。

红色面包霉的有性世代有两种情况：①有时会产生不同生理类型的正（＋）、负（－）两种接合型菌丝，类似于雌雄性别，通过菌丝融合和异型核的接合而形成二倍体的合子（2n=14）；②正、负两种接合型的菌丝都可以产生原子囊果和分生孢子。若原子囊果相当于高等植物的卵细胞，则分生孢子就相当于精细胞，那么当正接合型（n）与负接合型（n）受精融合后，便形成二倍体的合子（2n）。无论采取哪种方式，只要在子囊果里的子囊菌丝细胞中合子形成后，立即进行减数分裂，产生单倍体的 4 个核，就称为四分孢子。四分孢子中每个核进行一次有丝分裂，最后形成 8 个子囊孢子，按顺序排列在子囊中。这 8 个孢子中，有 4 个为正接合型，另 4 个为负接合型，二者呈 1：1 的比例分离。

一般真菌和单细胞生物的世代交替与红色面包霉基本上一致，不同点在于这些真菌的二倍体合子经过减数分裂后形成 4 个孢子，之后不再进行有丝分裂，且这 4 个孢子是分散在一个子囊内，而不是按顺序排列的。

二、高等植物的生活周期

高等植物的生活周期是从这代种子胚到下代种子胚的发生发育全过程，包括无性世代和有性世代两个阶段。现以玉米为例，说明高等植物的生活周期。

玉米是一年生的禾本科植物，雌雄花序同株异花。由受精卵发育成一棵完整的植株（孢子体），这是它的无性世代，孢子体中体细胞的染色体数为二倍体（2n）。孢子体发育到一定程度后，分化出雌雄花序。在胚珠和花药内发生减数分裂，产生染色体数目减半的大小孢子（n），这是有性世代的开始。大小孢子经过有丝分裂，形成雌雄配子体。雌雄配子体受精结合形成合子后，有性世代随即完成，又进入无性世代，开始下一轮的生活周期。

由此可见，高等植物的配子体世代是很短暂的，而且是在孢子体内度过的。生命越是向高级形式发展，它们的孢子体世代就越长，繁殖方式也越复杂，繁殖器官和繁殖过程也越能受到更好的保护。

30

三、高等动物的生活周期

高等动物都是雌雄异体的，卵子和精子都是在雌雄个体的性原细胞中经过减数分裂产生的，然后通过交配使精子和卵子结合而成为受精卵，逐步发育成子代个体。高等哺乳动物以及人类的受精卵是在母体内发育成为个体的，属于胎生；而果蝇等昆虫的卵受精后就脱离母体独立进行发育，属于卵生，从受精卵发育为成虫的过程中还需要经过幼虫和蛹的变态阶段。

第二章 遗传物质的分子基础

DNA 是生物遗传信息的携带者，是基因表达的物质基础。生物的性状千变万化，都受着基因的控制。因此，DNA 是最基本的进化单元。本章对遗传物质的确立、核酸的化学组成与结构、遗传物质的复制、遗传信息的合成与加工、遗传密码与蛋白质的翻译进行阐释。

第一节 遗传物质的确立

一、DNA 是主要遗传物质的证据

1903 年，美国细胞学家萨顿和德国细胞学家博韦里在各自独立的研究中，发现孟德尔遗传因子（或基因）的传递行为与减数分裂中染色体的行为有着精确的平行关系，认为基因是染色体的一部分，初步确立了遗传的染色体学说。当时人们已知染色体含有DNA（脱氧核糖核酸），但并没有办法证明 DNA 携带遗传信息，相反，当时人们认为 DNA 仅仅是一种分子支架，支撑某种尚未发现的专门携带遗传信息的蛋白质。这一难题直到 20 世纪40 年代才得以解决。

（一）肺炎双球菌转化实验

1928 年，英国医生格里费斯进行了肺炎双球菌转化实验，首次将肺炎双球菌 R_{II} 转化为 S_{III}，实现了细菌遗传性状的定向转化。实验方法是先将少量无毒的 R_{II} 型肺炎双球菌注入家鼠体内，再将大量有毒但已加热（65℃）杀死的 S_{III} 型肺炎双球菌注入。结果引起小鼠发病死亡，并在其体内检出活的 S 型肺炎细菌。非致病肺炎双球菌和热灭活肺炎双球菌混合后，出现了致病的细菌，这种转化表明了遗传的改变。格里费斯最初认为是接种物中的死细菌可能提供了某些活性物质促成了 R_{II} 型细菌的转变，但当时并不知道这种物质是什么。直到 1944 年，美国微生物学家阿委瑞及其合作者用生物化学方法证明在转化实验中具有活性的遗传物质是 DNA，而不是蛋白质或其他大分子。

他们先重复了上述实验，然后将 S_Ⅲ细菌加热杀死后，分离提取出多糖、脂类、RNA（核糖核酸）、蛋白质和 DNA，分别单独加入 R_Ⅱ型细菌的培养基中进行培养。结果只有加入了 S_Ⅲ细菌 DNA 的 R_Ⅱ型细菌发生了转化。又进一步使用不同酶处理杀死的 S_Ⅲ细菌提取液，仅在加入一种使 DNA 降解的酶时才会使转化不能发生，而加入使其他物质降解的酶类时转化仍可进行。

（二）噬菌体感染实验

1952 年，美国遗传学家赫尔希和蔡斯以大肠杆菌的 T2 噬菌体为材料进行实验。他们用 ^{32}P 和 ^{35}S 分别标记 T2 噬菌体的 DNA 与蛋白质。T2 噬菌体由蛋白质外壳和内部的 DNA 组成，蛋白质中含硫不含磷，DNA 中含磷不含硫。首先将 T2 噬菌体感染在分别含有 ^{32}P 和 ^{35}S 的培养基中生长的两组 E.coli。细胞裂解后分别收集裂菌液，经标记后再分别感染无放射性元素的 E.coli。感染后培养 10 分钟，用搅拌器剧烈搅拌使吸附在细胞表面的噬菌体脱落下来。经离心分离，细菌在沉淀中，游离的噬菌体悬浮在上清液中。经同位素测定，^{35}S 大部分见于上清液中，而 ^{32}P 的情况正好相反，大部分见于沉淀中。由实验得出结论：只有 DNA 进入细菌细胞产生了下一代噬菌体完成整个感染过程。因此，确定 DNA 是具有连续性的遗传物质。

34

二、RNA 是无 DNA 生物的遗传物质的证据

1956 年，德国科学家吉尔和施拉姆发现从 TMV（烟草花叶病毒）中分离的 RNA 也能侵染植物，初步证明 TMV 中的遗传物质是 RNA。

1957 年，美国的弗伦克尔·康拉特选用 TMV 的两个品系，M（masked strain）和 HR（Holmes ribgrass strain）作为实验材料。首先把两个品系的蛋白质和 RNA 分开，在重建时将两种病毒蛋白质外壳互换，重建成为重组 TMV，然后再观察重组后的 TMV 感染烟草的症状。结果发现，不同重组 TMV 感染烟草后的症状与提供 RNA 的原 TMV 品系的感染症状相同，而蛋白质外壳的不同并无影响。由此说明 TMV 的遗传物质是 RNA 而非蛋白质，即在少数只有 RNA 而无 DNA 的病毒中，遗传物质的角色由 RNA 来担当。

第二节　核酸的化学组成与结构

一、DNA 与 RNA 的化学组成

DNA 与 RNA 都是由基本构成单元核苷酸形成的多聚体。每个核苷酸均包括 3 个部分：五碳糖、磷酸和环状的含氮碱基。两个核苷酸之间由 3' 和 5' 位的磷酸二酯键相连。DNA

与 RNA 的主要化学区别：构成 DNA 核苷酸单元的五碳糖是脱氧的核糖，RNA 的则为核糖。两者的差别只在于脱氧核糖中与第 2 位碳原子连接的是氢原子，核糖中与第 2 位碳原子连接的是羟基。该羟基容易与核酸其他基团发生反应导致核酸大分子的裂解。一个氧原子的差别使 DNA 分子在化学上比 RNA 稳定得多。DNA 碱基组成为 A（腺嘌呤）、G（鸟嘌呤）、C（胞嘧啶）和 T（胸腺嘧啶）。RNA 碱基组成为 A、G、C 和 U（尿嘧啶），有 3 种碱基与 DNA 相同，只有其中的 T 被 U 代替。

二、DNA 与 RNA 的化学结构

（一）DNA 的化学结构

1.DNA 的分子结构

DNA 的一级结构是指 DNA 分子中核苷酸的排列顺序。DNA 是由脱氧核糖核苷酸通过 3'，5'-磷酸二酯键连接起来的线形或环形的多聚体。大多数天然 DNA 分子长链两端总是一端为 5'-磷酸，另一端为 3'-羟基，前者称为 5'端，后者称为 3'端。DNA 链的方向就是从 5'端到 3'端。

DNA 一级结构蕴藏了丰富的遗传信息，生物的遗传信息通过核苷酸不同的排列顺序储存在 DNA 分子中。DNA 分子 4 种核苷酸千变万化的排列顺序造就了物种的丰富多样性。

DNA 的二级结构是指脱氧核苷酸大分子的空间构型。1953 年，美国分子生物科学家沃森和英国生物学家克里克提出了 DNA 的双螺旋结构模型，DNA 双螺旋模型有以下特点：

（1）主链。脱氧核糖核苷酸之间通过 3'，5'-磷酸二酯键连接，成为螺旋的骨架。两条脱氧核苷酸链反向平行，绕同一中心轴相互缠绕，组成双螺旋。两条链均为右手螺旋。主链位于螺旋外侧，碱基处于螺旋内侧，核糖平面与螺旋轴平行。

（2）碱基配对。两条核苷酸链之间形成氢键。A 与 T 配对形成 2 个氢键；G 与 C 配对形成 3 个氢键。这样的碱基配对规律称为碱基互补。碱基平面与螺旋轴基本上是垂直的。

（3）螺旋参数。DNA 双螺旋的直径为 2 nm。任意一条链的螺距为 3.40 nm，其中包含 10 个核苷酸，因此每两个相邻碱基平面之间的垂直距离为 0.34 nm。上下相邻碱基绕螺旋轴旋转的角度为 36°。

（4）大沟与小沟。由于碱基对占据空间的不对称，碱基并没有充满双螺旋的空间。沿螺旋轴的方向观察，双螺旋的表面形成两条沟，一条宽（2.20 nm），称为大沟；另一条窄（1.20 nm），称为小沟。大沟中碱基的差异很易于被识别，是蛋白质结合特异 DNA 序列的位点，对于蛋白质识别 DNA 螺旋结构上的特异信息非常重要。

2.DNA 的双螺旋结构

DNA 二级结构是一种很稳定的化学结构，维持这种稳定性的因素主要如下：

（1）氢键。在双螺旋中嘧啶与嘌呤之间的距离正好与一般氢键的键长（0.27 nm）相一致。碱基堆积力使供体原子、氢原子和受体原子三者在一条直线上，这样的结构非常利于形成强的氢键。在 DNA 双螺旋中，A 与 T 之间形成 2 个氢键，G 与 C 之间形成 3 个氢键，而且严格互补配对。因此，在 DNA 双螺旋中，只要有一条链的核苷酸顺序确定后，即可推算出另一条互补链的核苷酸顺序。

（2）碱基堆积力。碱基堆积力指相邻碱基对之间的非特异性作用力。DNA 的主链部分是亲水的，碱基外围的氨基与酮基也是亲水的，但嘧啶和嘌呤本身带有一定程度的疏水性。因此在水溶液中，这些疏水基团自发聚集。从热力学的角度来看，DNA 的双螺旋结构是非常有利于主链上的磷酸基团与水最大限度接触的，而使碱基与水的接触减到最小限度，从而使相邻碱基相互聚集。

（3）范德华力。范德华力是指中性分子或原子间随距离增大而迅速减小的吸引力。在双螺旋中相邻碱基对的间隔是 0.34 nm，而范德华力的半径恰好平均为 0.17 nm。这样范德华力就加强了碱基之间的聚集，加强了疏水作用力。

以上三种作用力都属于维持 DNA 结构稳定的力。

（4）磷酸根的静电斥力。核苷酸的磷酸基团上都带有一个负电荷。双链之间这种强有力的静电斥力有驱使两条链彼此分开的作用。在同一条链内虽然也存在这种静电斥力，但由于有链内的共价键，这种静电斥力并不重要。当有盐类加入时，这些带负电的磷酸基团可以被正离子（如 Na^+）所中和，可以有效地屏蔽磷酸之间的静电斥力。在生理盐浓度（0.2 mol/L）时就发生这种屏蔽作用，DNA 结构趋于稳定。当离子浓度降低时，屏蔽作用减弱，斥力在增大，双螺旋结构不稳定，T_m 值降低。纯蒸馏水中的 DNA 在室温下就会发生变性。在超过生理盐水浓度时，由于高浓度下碱基溶解性降低，疏水作用增加，使双螺旋结构更稳定，T_m 值升高。

（5）碱基分子内能。当由于温度等因素使碱基分子内能增加时，碱基的定向排列会遭到破坏，从而削弱碱基之间的氢键结合力和碱基堆积力，会使 DNA 双螺旋结构受到破坏。

综上可知，在 DNA 双螺旋结构中，互补碱基之间的氢键和相邻碱基间的碱基堆积力有利于双螺旋构型的形成和稳定，而磷酸基的静电斥力和碱基分子内能则会促使双螺旋链打开。DNA 的双螺旋结构就是在各种因素的共同作用下维持其动态平衡的结构状态的。

（二）RNA 的化学结构

RNA 与 DNA 相比，核糖代替了脱氧核糖，尿嘧啶核苷酸 U 代替了胸腺嘧啶核苷酸 T。绝大多数 RNA 以单链形式存在，少数病毒含双链 RNA，单链 RNA 中可能因局部碱基互补而形成发夹形状双链。目前已发现 RNA 有着丰富多样的二级结构。

第三节 遗传物质的复制

一、DNA 复制的基本模式

沃森和克里克提出了 DNA 的双螺旋结构模型之后，随即提出了 DNA 复制的半保留模型。半保留复制是指 DNA 复制时，双螺旋的一端逐渐解开双链，以两条单链各自作为模板按照碱基互补的原则合成新的单链，新合成的单链与原来的模板相互盘绕在一起逐渐形成新的双螺旋。这样，新 DNA 分子中一条链来自原来亲本 DNA 分子，另一条链来自新合成的 DNA 分子。DNA 在活体内的半保留复制性质已被大量实验所证实。

由于 DNA 聚合酶不能催化以母链的第一个碱基做模板开始合成互补链，DNA 合成时必须有一个单股核酸片段先结合到模板上，引导在其 3' 端延伸合成。因此，需要引物是线性 DNA 复制的重要特征。此外，DNA 合成结束前引物会被去除，于是在新链 5' 端会形成缺失。生物体需要有专门的机制解决这个新链 5' 端缺失问题，从而保证 DNA 复制的完整性。

二、DNA 复制的特殊模式

（一）滚环式复制

某些双链环状 DNA（或单链环状 DNA 通过复制合成互补链形成双链环状 DNA）在复制时，首先在亲本环状 DNA 双链上，由序列特异的核酸内切酶在起始点产生一个切口。其 5' 端常与特殊的蛋白质相连接，而在 3' 端不断地由 DNA 聚合酶催化并以未切断的一条环形链为模板，加上新的核苷酸。随着 3' 端的共价延伸，环状模板链继续滚动，5' 端则不断地甩出。其过程好像中间的一个环在不断地滚动一样，因而叫作滚环复制。因其形状像希腊字母 σ，因此又叫 σ 复制。被甩出的链可以通过切割和重新环化产生单链子代 DNA（该生物本身为单链环状 DNA），该链也可通过单链尾巴作为模板不连续合成互补链，再切割和重新环化产生双链 DNA。这样的复制方式常会得到一种具有原来 DNA 分子的若干倍的中间产物，叫作连环分子。滚环式复制在某些噬菌体 DNA 的复制、细菌交配和真核生物的基因扩增中占有重要的位置。

（二）末端复制和端粒酶

真核生物染色体 DNA 是线性分子，组织结构复杂，染色体两端具有端粒结构。真核生物染色体的端粒 DNA 含有许多串联重复，并且富含 G 的重复序列。这些重复序列能够以特殊的 G-G 配对方式稳定末端的 DNA，进而造成端粒顶端回折而形成发夹形结构。端粒 DNA 和非组蛋白结合后形成复合体，构成染色体（或染色质）的天然末端。参与真核生物的 DNA 末端复制的酶不是依赖于 DNA 的 DNA 聚合酶，而是一种依赖于 RNA 的 DNA 聚合酶（逆转录酶），称之为端粒酶。端粒酶先对已有的 3′末端进行识别和结合，然后以自身 RNA 为模板，逆转录出互补的 DNA 链。端粒 DNA 的 G-rich 链经过端粒酶"自主性"地延长几个重复单位，新合成的 GT 股回折配对形成发夹结构，成为合成互补 AC 股 3′引物，再由 DNA 聚合酶催化回折后互补链的合成。这样 DNA 复制时新链 5′端缺失就可以得到补齐，实现 DNA 复制的完整性。

三、原核生物 DNA 的复制

（一）与复制相关的酶

与 DNA 复制相关的酶主要包括 DNA 聚合酶，连接酶、解旋酶、拓扑异构酶等。在大肠杆菌中分离得到 3 种 DNA 聚合酶，DNA 聚合酶 Ⅰ、DNA 聚合酶 Ⅱ 和 DNA 聚合酶 Ⅲ。DNA 聚合酶 Ⅰ 和 DNA 聚合酶 Ⅱ 合成 DNA 速度较慢，DNA 聚合酶 Ⅲ 是活体内真正控制 DNA 合成的复制酶。3 种 DNA 聚合酶都只有 5′→3′聚合酶的功能，都没有直接起始合成 DNA 的功能，只有在引物存在的情况下才能进行链的延伸，因此 DNA 的合成必须有引物引导；3 种聚合酶都有核酸外切酶的功能，可对合成过程中发生的错误进行校正，保证 DNA 复制的高度准确性。

DNA 连接酶可以催化 DNA 链末端间形成共价连接。DNA 连接酶只催化双链 DNA 切口处的 5′–磷酸基和 3′–羟基生成磷酸二酯键。解螺旋酶的作用是打断互补碱基对的氢键，以 500 ~ 1000 bp/s 的速率沿 DNA 链解旋 DNA 双螺旋。

DNA 双链解旋过程中使复制叉前面获得巨大的张力而产生正超螺旋，这种张力由 DNA 拓扑异构酶来消除。DNA 拓扑异构酶可以在 DNA 双链中切开一个口子，使一条链旋转一周，然后再将其共价连接，从而消除张力。目前，发现了有两种类型 DNA 拓扑异构酶：DNA 拓扑异构酶 Ⅰ，只对双链 DNA 中的一条链进行切割，产生切口，每次切割只能去除一个超螺旋，此过程不需要能量；DNA 拓扑异构酶 Ⅱ，可以对 DNA 双链同时切割，每次切割去除两个超螺旋，需要 ATP 提供能量。

（二）DNA 复制过程

DNA 复制从特定位置起始，这一位点称复制起点。DNA 中发生复制的独立单位称为复制子，是 DNA 复制从一个 DNA 复制起点开始，最终由这个起点起始的复制叉完成的片段。原核生物染色体只有一个复制起点，真核生物的每条染色体都有多个复制子。绝大多数原核生物的 DNA 复制是双向等速进行的，复制区的形状类似眼睛，也被称为复制眼，正在复制的地方称为复制叉，也有的生物的 DNA 复制并不是双向等速的，如枯草杆菌是双向不等速的，噬菌体 T2 的复制是单向的。DNA 的复制包括起始、延伸和终止 3 个过程。

1.DNA 复制的起始

DNA 复制的起始包括 4 个步骤：①首先是专一识别复制起点序列的蛋白结合在复制起点上；②接着 DNA 双链在解旋酶作用下解螺旋；③ DNA 双链解开后，单链 DNA 结合蛋白马上结合在分开的双链上，保持其伸展状态；④引发酶，以解旋的单链 DNA 为模板，根据碱基配对原则，合成一段引物，提供 3' 端自由的羟基（—OH）。

2.DNA 复制的延伸

DNA 聚合酶Ⅲ把新生链的第一个核苷酸加到引物的 3' 羟基上，按照碱基互补配对原则，开始新链的延伸合成过程。DNA 双链是反向平行的，而 3 种 DNA 聚合酶只有 5' → 3' 聚合酶功能。因此，DNA 双链中一条链的合成是连续的，被称为先导链；另一条的合成是不连续的，被称为后随链。这一现象被日本学者冈崎用放射性实验验证。后随链先沿 5' → 3' 方向合成一个片段，叫冈崎片段，DNA 聚合酶Ⅲ先合成一个冈崎片段，DNA 聚合酶Ⅰ利用其 5'–3' 端核酸外切酶的功能，将前一个片段的引物 RNA 切除，同时利用其 5'–3' 聚合酶功能合成 DNA 以置换切除 RNA 引物区域链，再由 DNA 连接酶连接起来，形成一条完整的新链。

3.DNA 复制的终止

DNA 双链一般具有终止区域，可结合终止蛋白，使复制停止。

（三）真核生物 DNA 的复制

真核生物 DNA 的复制过程与原核生物基本相同，但真核生物 DNA 含量大、结合组蛋白形成核小体以及末端存在端粒区等，与原核生物有显著区别，主要表现出如下特点：

第一，DNA 复制只是发生在细胞周期的特定时期。真核生物 DNA 复制只发生在 S 期。

第二，真核生物的 DNA 聚合酶多。目前已知，在真核生物中，有 5 种不同的 DNA 聚合酶，它们是 α、β、γ、δ 和 ε。其中 γ 是线粒体酶，其他位于核中。在这几种聚合酶中，对 DNA 合成起作用的主要是聚合酶 α 和 δ，而聚合酶 β 和 ε 可能与 DNA 的修复功能有关。聚合酶 ε 控制前导链的合成，聚合酶 α 则控制不连续的后随链的合成，所以其两条链的复制是在两种不同的 DNA 聚合酶的控制下完成的。

第三，真核生物的复制是多起点的，并且无终止位点或区域。真核生物的 DNA 含量大，但 DNA 聚合酶活性比原核生物 DNA 聚合酶活性低，真核生物中前导链的合成是以半连续的方式进行的，由一个复制起点控制一个复制子的合成直到另一个复制子的起点为止，最后由连接酶将其连接成一条完整的新链。

第四，真核生物 DNA 复制中合成的冈崎片段比原核生物的短。原核生物中冈崎片段长度为 1000 ~ 2000 个核苷酸，而真核生物中只有 100 ~ 150 个核苷酸。

第五，核小体的复制。染色体上的 DNA 是进行半保留复制的，而组蛋白八聚体是以全保留的方式传递给子代的，即亲本的组蛋白八聚体在复制过程中并不解离，而新组蛋白的 8 个亚基则完全是重新合成的。

第六，真核生物染色体有前面提及的末端端粒酶特殊的复制方式。

（四）RNA 的复制

作为遗传物质的 RNA 的复制是在 RNA 聚合酶作用下，先以自身 RNA 作为模板合成一条互补的单链，通常称原有的起模板作用的 RNA 分子为 "+" 链，新复制的 RNA 分子为 "-" 链，然后 "-" 链从 "+" 链模板上释放出来，它也以 "-" 链为模板复制出一条新的 "+" 链，从而完成复制。

RNA 除以自身为模板合成 RNA 外，还可以合成 DNA，这一现象称为逆转录。逆转录是在逆转录酶的作用下以 dNTP 为底物，以 RNA 为模板，tRNA（主要是色氨酸 tRNA）为引物，在 tRNA3 '末端上，按 5 '→3 '方向，合成一条与 RNA 模板互补的 DNA 单链，这条 DNA 单链叫作互补 DNA，它与 RNA 模板形成 RNA—DNA 杂交体。随后又在反转录酶的作用下，水解掉 RNA 链，再以 cDNA 为模板合成第二条 DNA 链。至此，完成由 RNA 指导的 DNA 合成过程。

40

第四节　遗传信息的合成与加工

一、三种 RNA 分子

（一）转移 RNA

转移 RNA（tRNA）是具有携带并转运氨基酸功能的一类小分子核糖核酸。tRNA 分子含有 74 ~ 95 个核苷酸，其中部分序列可互补配对，形成 tRNA 特有的三叶草结构。该三叶草由一系列称为臂的茎环结构组成，它们包括：

（1）氨基酸接纳臂：由 tRNA 的 5 '端和 3 '端碱基配对形成。其中 3 '端有一段 CCA 序列没有配对，是氨基酸的结合位点，也称为氨基酸臂 / 接纳茎。

（2）二氢尿嘧啶臂：包含二氢尿嘧啶。

（3）反密码子臂：识别并结合 mRNA 中的密码子。

（4）额外臂：只在部分 tRNA 中存在。它可以很小，只包含 2～3 个核苷酸（Ⅰ型 tRNA），或者大一些，包含 13～21 个核苷酸，其中在茎上最多可形成 5 个碱基对（Ⅱ型 tRNA）。

（5）$T_\psi C$ 臂：包含 $T_\psi C$ 序列，其中 ψ 是一种被修饰的核苷酸，称为假尿嘧啶。

（二）核糖体 RNA

核糖体 RNA（rRNA）是与蛋白质结合构成核糖体的核酸。核糖体是合成蛋白质的场所，它与 mRNA 结合将 DNA 上的信息翻译成蛋白质上的氨基酸顺序。每个核糖体都由两部分组成，分别称为大亚基和小亚基。在原核生物中，核糖体的沉降系数为 70S，由 50S 和 30S 两个亚基组成。在真核生物中，核糖体的沉降系数为 80S，由 60S 和 40S 两个亚基组成。

（三）信使 RNA

信使 RNA（mRNA）是蛋白质合成的模板，它是在 RNA 聚合酶 Ⅱ 的作用下，由基因转录而来的。

二、RNA 合成的基本模式

在合成 RNA 时用一条链作为模板，这条 DNA 链称为模板链，另一条则称为非模板链，非模板链的序列与转录的 mRNA 序列一致，因此也被称为编码链，还称为正链和意义链；模板链则被称为非编码链、负链和反意义链，由于 RNA 的转录只在 DNA 的任一条链上进行，所以把 RNA 的合成叫作不对称转录。

RNA 的合成也是按照碱基互补配对原则从 5'→3'端进行的，此过程由 RNA 聚合酶催化，不需要引物。RNA 聚合酶在一些起始蛋白质分子的协助下与启动子部位的 DNA 结合，形成转录泡，并开始转录。

三、原核生物的 RNA 合成

（一）RNA 聚合酶

大肠杆菌中催化转录的 RNA 聚合酶是一个由多蛋白亚基组成的复合酶。其分子质量约为 480 ku，含有 4 种不同的多肽，分别为 α、β、β'和 σ，其中 α 为两个分子，全酶的组成是 $\alpha_2\beta\beta'\sigma$。σ 亚基与全酶结合疏松，容易脱落，把 σ 脱落后的部分称为核心酶。σ 亚基与 RNA 聚合酶的四聚体核心形成有关。β 亚基具有核苷三磷酸结合的位点，β'亚基含有 DNA 模板结合的位点，σ 亚基有多种不同的类型，它们参与全酶的组装和识别不同的启动子，一旦转录开始，亚基将脱落，链的延伸由核心酶催化。

（二）启动子

启动子是 DNA 分子链上与 RNA 转录启动有关的序列区域。研究发现，大肠杆菌的启动子有 4 个区域：转录起始点，–10 区、–35 区的保守序列及二者之间的序列。这些位点的序列与 RNA 转录的启动、起始位点的识别及转录效率有很大关系。

（三）终止子

在 RNA 转录过程中，提供转录终止信号的序列称为终止子。大肠杆菌有两类终止子：一类为内在终止子，只要核心酶与终止子结合就足以使转录终止，不依赖其他辅助因子；另一类终止子必须在 ρ 因子的存在下核心酶才能终止转录，因此称为依赖 ρ 因子的终止子。这两类终止子具有共同的特征：一是形成发夹结构；二是发夹结构末端紧跟着连续的 U 串。

（四）RNA 的转录

RNA 转录起始的第一个碱基称为启动点，启动点前面即 5′方向的序列称为上游，后面即 3′方向的序列称为下游，起始点位置为 +1，上游的第一个核苷酸为 –1，依次类推。

RNA 转录可分为起始、延伸、终止及释放。RNA 聚合酶在 α 亚基的作用下结合于 DNA 启动子部位，在 RNA 聚合酶催化下 DNA 双链解开，形成转录泡，按照碱基互补配对原则，结合核苷酸，并在核苷酸之间形成磷酸二酯键，形成 RNA 新链。新 RNA 链延伸到 8 ~ 9 个核苷酸后，α 亚基被释放，随着核心酶催化链的延伸，核心酶不断解开双链，形成新的 RNA 链后又闭合双链，转录泡不断前移，当遇到终止信号时，转录复合体解体，新合成的 RNA 链被释放出来。在原核生物中，RNA 转录、蛋白质的翻译以及 mRNA 的降解可以同时进行。

四、真核生物 RNA 合成转录及加工

（一）真核生物 RNA 转录的特点

真核生物与原核生物 RNA 的转录过程大致相同，但更为复杂，主要有以下区别：

第一，真核生物 RNA 在核内转录完毕后必须运送到细胞质才能进行蛋白质的翻译，因此其存在的时间就比原核生物的长，可达数小时。

第二，真核生物 mRNA 分子一般只编码 1 个基因。原核生物的 1 个 mRNA 通常含有多个基因。

第三，真核生物 RNA 聚合酶较多，每一种 RNA 聚合酶转录不同的 RNA，但都不能独立转录 RNA，必须有另外的启动蛋白结合在启动子上后，才能结合上去启动转录。

第四，真核生物的启动子比原核生物复杂。

（二）真核生物 RNA 转录后加工

1.rRNA 转录后加工

真核生物有 4 种 rRNA，即 5SrRNA、5.8SrRNA、18SrRNA 和 28SrRNA。rRNA 甲基化是重要的加工过程，甲基化多数在细胞核内完成，少量被运送到细胞质中进行。甲基化大概可以增加 rRNA 在细胞中的稳定性。前体 rRNA 还需要去掉一些不需要的序列，过程与 mRNA 的剪接类似。

2.mRNA 转录后加工

在真核生物中，几乎所有的成熟 mRNA 在其 5'端都有 7– 甲基鸟嘌呤核苷的帽子结构，多数还有 3'端的多聚腺苷酸——poly（A）尾巴，没有内含子。这些结构都是转录后经过修饰的结果，mRNA 只有通过修饰加工才能运输到细胞质进行蛋白质的翻译。

当 RNA 链合成到大约有 30 个核苷酸后，就在其 5'端加上一个 7– 甲基鸟嘌呤核苷的帽子，它含有 2 个甲基和稀有的 5'–5'三磷酸键，其作用是为核糖体识别 mRNA 提供信号和增加 mRNA 的稳定性，有时可能与某些 RNA 病毒的正链 RNA 合成有关。

真核生物中的 mRNA 的 poly（A）尾巴并不是由 DNA 所编码，而是在转录完成后，在一种叫 RNA 末端腺苷酸转移酶的催化下，以 ATP 为前体，添加到 mRNA 的 3'端。poly（A）尾巴对增加 mRNA 的稳定性以及促进 mRNA 从细胞核向细胞质内运输具有重要的作用。

真核生物中合成的 hnRNA（mRNA 前体），比实际的 mRNA 要长一些，一般存在许多非编码序列。一般将一个基因中出现在成熟 mRNA 上用于编码蛋白质合成的序列称为外显子，而未出现在成熟 mRNA 上的非编码的序列称为内含子。一个基因的外显子和内含子共同转录在一条转录链上，然后将内含子去除而把外显子连接起来形成成熟的 RNA 分子，这一过程称为 RNA 的剪接。

第五节　遗传密码与蛋白质的翻译

一、遗传三联体密码

遗传密码用于描述在蛋白质合成过程中如何将碱基序列翻译成不同的氨基酸。连续的 3 个碱基形成一个密码子，编码一种氨基酸，称为三联体密码。DNA 和 RNA 的 4 种碱基能够组合形成 4^3=64 种密码子，负责编码 20 余种氨基酸。由于密码子的种类多于氨基酸的种类，因此，除了甲硫氨酸和色氨酸外，每种氨基酸都由一种以上的密码子编码，这种现象被称为遗传密码的简并性或冗余。编码同一种氨基酸的各个密码子，称为同义密码子。遗传密码的简并性可以减少突变所带来的影响。AUG 是翻译的起始密码子，UAG、UGA 和 UAA 是蛋白质合成的终止信号，称为终止密码子。从一个起始密码子开始，以一个终止密码子结束的一段连续的密码子组成一个阅读框。遗传密码在不同生物中基本一致，有少数例外。

二、蛋白质翻译

翻译是指细胞合成蛋白质的过程，在翻译过程中，mRNA 分子中的编码信息决定了蛋白质中氨基酸的排列顺序。在按照 mRNA 序列向核糖体运送氨基酸的过程中，tRNA 起到了关键作用，它确保氨基酸以正确的顺序连接。在翻译开始之前氨基酸与相应的 tRNA 共价结合，随后 tRNA 再识别 mRNA 上与氨基酸对应的密码子。氨基酸与 tRNA 的结合被称为氨基酸酰化或负载。氨基酸与 tRNA 接纳臂的末端共价结合，该末端碱基序列是 5'CCA3'。在氨基酸的羧基和 tRNA 接纳臂的末端嘌呤的 3'-羟基之间形成化学键，负载过程由氨酰 tRNA 合成酶催化，并需要 ATP 水解供能。

真核生物与原核生物的翻译过程可以分为三个阶段：起始、延伸和终止。起始是指核糖体与 mRNA 的结合，延伸是指氨基酸的反复加入，终止是指新肽链的释放。

翻译的第一步是核糖体小亚基与 mRNA 结合。翻译通常由 AUG 序列开始，该序列编码甲硫氨酸，是翻译的起始密码子。核糖体的小亚基在 AUG 上游的某个特定位点与 mRNA 结合。在原核生物中，这一位点称为 SD 序列，位于 mRNA 的起始位点附近。小亚基一旦结合到这个部位，即沿着 mRNA3' 方向移动，直至找到位于下游大约 10 个核苷酸处的起始密码子 AUG。在真核生物中，小亚基识别 mRNA5' 端的帽子结构，然后向下游移动，直至遇到第一个 AUG，有时也会识别靠后面的 AUG。载有甲硫氨酸的 tRNA 与核糖体小亚基定位的 AUG 结合。在细菌中，甲硫氨酸的氨基被加上了一个甲酰基（—CHO），这样就屏蔽了这个氨基基团，使其不会形成肽键，从而保证了多肽链只能由氨基酸羧基方向聚合。mRNA、小亚基和 tRNA^{fmet} 组成的复合物被称为起始复合体。有两种 tRNA 可识别 AUG 并携带甲硫氨酸，其中一种用于起始（tRNA1–），另一种则用于识别内部的 AUG。只有起始 tRNA 才能结合到起始复合体上。

起始复合物形成后，核糖体大亚基结合上去。完整的核糖体含有两个 tRNA 分子的结合位点。第一个位点是 P 位点或肽基位点，该位点被与 AUG 配对的 tRNA^{fmet} 占据；第二个位点是 A 位点或氨酰基位点，位于第二个密码子处。延伸阶段起始于 tRNA 进入 A 位点并与第二个密码子进行碱基配对。当两个位点都被负载的氨酰 tRNA 占据时，在甲硫氨酸的羟基与第二个氨基酸的氨基之间形成肽键。这个反应由肽基转移酶催化，该酶是一个可能包含一些不同的核糖体蛋白的复合物。肽键转移酶与 tRNA 脱酰酶共同起作用，后者可在肽键形成后将甲硫氨酸与 tRNA 之间的连接切断。肽键形成后，核糖体转移到下一个密码子。与第二 tRNA 结合的新形成的二肽移至 P 位点，逐出空载的 tRNA，于是 A 位点被空出来。第三个负载的氨酰 tRNA 进入 A 位点，如此延伸周期反复进行下去。在翻译过程中，核糖体沿着 mRNA 可被多个核糖体同时翻译，形成称为多聚核糖体的结构。

终止密码子进入 A 位点标志着翻译的结束，没有 tRNA 可以结合在终止密码子上。一种被称为释放因子的蛋白质进入 A 位点，导致完整的多肽链被释放。翻译完成后，新合成的多肽在成为有功能的蛋白质之前有可能经历一系列的修饰，主要包括化学基团的共价结合和多肽链的切割。

第三章　基因组学

基因组学作为现代遗传学的重要分支，承担着推动现代遗传学、现代医药学、生物信息学快速发展的重任。基于此，本章主要围绕基因的基本认知、基因组及其遗传标记、基因组作图与测序、基因组学的应用分析展开讨论。

第一节　基因的基本认知

一、基因的概念

自从孟德尔 1866 年发现了基因的传递规律，即基因分离定律和基因自由组合定律以来，对于控制遗传性状的基因本质及其在遗传中的传递规律的认识逐渐发生着变化，从基因概念的演化过程可以了解遗传学的发展历程。孟德尔时期对基因的认识与现代的基因概念有一定的差异，实际上基因是指控制某一个特殊表型特征的"特性"或"稳定因子"，是一种和表型对应的具有遗传特性的物质，如决定豌豆种皮的颜色、皱缩程度、株高等的物质。这种物质的化学本质是什么、其在细胞的哪些结构上、通过哪些具体的方式来决定表型等尚不知晓。然而，孟德尔学说的基础是遗传物质和表型的对应关系，这一命题至今仍然正确。而当进入 20 世纪后，随着孟德尔遗传定律被重新发现，人们在研究人类的几种遗传性代谢疾病（如尿黑酸症）时，发现了关于基因功能的一个重要线索，即基因突变可能决定了一个代谢障碍，并进而决定了各种外在的生物学表型（如血友病等）。

随着生物化学的发展进入黄金时代，代谢通路得到详细阐明，"一个基因一个酶"概念的提出，使得对基因的认识得到进一步深入。由于许多酶常由 2 个或多个肽链构成，因此基因的概念随后又被修正为"一个基因一条多肽链"。关于基因的认识告诉人们：基因是编码蛋白质或有功能性的 RNA 的基因组上的一段序列。该 RNA 可以经过翻译形成蛋白质，可以形成具有酶活性的 RNA 分子，可以参与细胞结构的形成，也可以参与对其他基因的表达调控。

二、基因的结构

基因是庞大基因组中的一段特定序列，从基因组成本身来看，基因与非基因没有本质上的差异，这一段特定的序列如何行使基因的功能，影响基因功能的因素，这些问题都要从基因的结构谈起。任何基因都是可表达的，而且基因的表达能够被调节，即仅在特定条件下才能表达。无论是单细胞生物还是多细胞生物，无论是对环境因子的应答，还是个体的发育过程，基因功能的发挥过程都可以描述成是时间和空间特异性表达的结果。

基因的结构决定了基因表达是受高度调控的，任何基因在其上下游近端都含有能够调控基因何时表达的侧翼序列，没有侧翼序列，基因所蕴含的信息就无法表达。因此，组成完整基因的区域至少应该包括：①编码初级转录产物（进行 RNA 加工前的转录产物）的序列；②为正确启动转录所必需的侧翼序列，这些侧翼序列中有启动子和终止子，启动子一般位于基因 5'上游 30～100 bp 范围内，是 RNA 聚合酶特异性识别和结合的 DNA 序列，控制基因表达（转录）的起始时间和表达的程度，是启动基因表达的不可或缺的"开关"。

与启动子结合的蛋白质除 RNA 聚合酶外还有转录因子，与转录因子的结合程度控制着 RNA 聚合酶与启动子的结合能力，从而决定转录诱导与抑制状态，影响着基因的表达水平。终止子是位于基因下游 polyA 加尾信号远端的一段由数百个核苷酸构成的序列，为基因的下游设立了边界，使转录能够在合适的区域完成，终止子作用的强弱决定了转录反应是在一个基因单元完成转录后能够顺利终止，还是继续延伸从而形成串联的转录产物。

上述区域是基因正常行使机能的最小单位，而且基因编码区与调控区之间没有化学意义上的差别，是连续的，我们也把位于 DNA 序列之上的调控基因表达的区域称为顺式调控元件，它只作用于同一条染色体上的基因表达。单纯考虑某一特定基因的表达时，编码区内基因何时何地表达取决于基因的侧翼序列，侧翼序列不仅决定了基因的时空特异性表达状态，而且也为基因在基因组上设定了一个区域，使之成为相对独立的功能单位。

当然，从整个基因组水平看基因的表达不仅受到其上游的启动子的调控，同时还受到另外一些顺式作用元件的调控，如增强子、绝缘子、沉默子，它们对基因表达的调控不仅仅局限于一个基因范围内，可以位于基因较远距离作用于相对更广泛的区域，从而调节一个或多个相关基因的表达水平。

（一）原核生物的基因结构

从基因结构看，原核生物基因含有最基本的编码区域和调节基因表达的侧翼调控区域，符合所有基因的共性，然而，原核生物基因最主要的结构特征有以下两点：

第一，绝大多数原核生物基因的编码区序列与蛋白质氨基酸序列之间存在共线性关系，即结构基因的核苷酸序列，从翻译的起始密码子之后开始，每一个三联体密码子都能在翻译的最终产物中有相应的氨基酸与之一一对应，直到翻译终止密码子所有核苷酸序列的编码都是连续的，没有中断。因此，结构基因任意位点发生错义突变，都会产生突变的蛋白质产物，导致与其对应的突变表型产生。

第二，原核生物的某些代谢相关的基因排列成簇，共用一个基因顺式调节区域，形成操纵子，由一个调节蛋白同时控制该簇所有基因的表达。

作为操纵子的代表：1961年由法国科学家雅各布和莫诺发现的大肠杆菌乳糖操纵子是由位于基因组DNA的一个蛋白控制的一个基因簇，含有一个转录单位的一组相关的"结构基因"，它们按顺序连锁排列，形成基因簇，在"结构基因"启动子区域上游60 bp位点有一个正调控元件，称之为激活位点，供激活蛋白结合。

而启动子下游11 bp处有一段回文序列供阻遏蛋白识别和结合，称之为"操纵基因"，阻遏蛋白由单独存在的阻遏基因编码形成，阻遏蛋白的结合能够阻断所有下游结构基因的转录，而在诱导物存在时，阻遏物被诱导物结合，从操纵基因处脱离，结构基因得以转录。这一基本结构的存在使得与乳糖代谢相关的基因仅在培养基中含有乳糖时大量表达，而在不存在乳糖时始终处于关闭状态。类似于乳糖操纵子的基因调控模式在原核生物中还有很多，它们的存在使得成簇基因的开与关呈现同步性，能够对环境条件的改变迅速做出反应，改变基因的表达模式从而适应环境的改变。

原核生物和一些病毒的基因组较小，较少含有冗余信息资源，不仅如此，通过一种特殊的基因编码方式，在有限的遗传资源的使用上实现了高效率。1976年人们发现在ΦX174噬菌体中存在着重叠基因。重叠基因是指具有部分共用核苷酸序列的基因，即同一段DNA携带了两种或两种以上不同蛋白质的编码信息。在全部由5386个核苷酸组成的基因组含有编码11个基因的信息，即使每个核苷酸都编码氨基酸，合在一起最多也只能编码1795个氨基酸，所有蛋白质的相对分子质量之和约为197000，而实际上测出的蛋白质相对分子质量总和是262000。显然，只有遗传信息发生了重叠才能解释这一现象。ΦX174噬菌体的重叠基因的重叠部分可以在调控区，也可以在结构基因区。重叠基因的存在体现着遗传信息存储的高效性，是某些原核生物的重要基因信息存储方式。不仅原核生物存在基因重叠现象，真核生物也有特定方式的基因重叠现象。不同于原核生物，真核生物基因的重叠常常是反向重叠，即某些区域DNA双链均有编码功能，能产生有功能的蛋白质产物，在表达调控过程中既可以关联表达也可以独立表达。

（二）真核生物的基因结构

真核生物基因组比原核生物基因组庞大，碱基对数目分布从单细胞生物酵母的1200万直到人类的30亿，甚至在开花植物中有高达1500亿碱基对之多的物种。真核生物基因数量众多，其中蛋白质编码基因从数千到数万个不等，而且，绝大多数真核生物基因的编码区是不连续的，被非编码区间隔开，称之为断裂基因。

编码区称为外显子，非编码区称为内含子。外显子序列在成熟的mRNA中出现，而

49

内含子序列则在 RNA 成熟加工过程中被切除，并没有与之对应的序列出现在 mRNA 中，或被翻译成蛋白质。因此，基因的整体序列与其蛋白质产物之间没有共线性关系，只有外显子区域与基因蛋白质相应区段存在共线性关系。mRNA 成熟加工后外显子部分拼接到一起才能行使基因的编码功能，从起始密码子开始按照 3 的整数倍阅读三联体密码子，从而翻译出有功能的多肽链直到终止密码子（终止密码子不同于基因的终止子，后者是基因上的一段用于决定基因转录终止位点的序列）。

已知断裂基因主要存在于真核生物基因中，而断裂基因的最早发现是源自对病毒基因的研究。这一发现要追溯到 1977 年，当时美国的科学家夏普和罗伯茨分别发现了断裂基因，这是分子遗传学上的重要突破。它们的主要试验来自分子杂交和电子显微镜观察，他们在试验中使用 EcoR Ⅰ 和 Hind Ⅲ 分别消化腺病毒外壳蛋白六聚体（hexon）基因，分离得到 DNA 片段，用于与 mRNA 的分子杂交形成杂合双链，然后在电子显微镜下观察，如果 DNA 片段和 mRNA 能够完全互补配对，则形成一条双链。

相反，如果 DNA 片段中含有 mRNA 上没有的序列，则 mRNA 上没有的序列将会从杂交双链溢出而呈现环状结构。结果发现，当用 EcoR Ⅰ 酶切 DNA 片段进行 DNA 和 RNA 分子杂交时，DNA 分子上有 3 段溢出的环不能与 mRNA 配对，表明在这一 DNA 片段内的 DNA 序列并没有出现在 mRNA 中，而是在 mRNA 形成过程中被切除了，所以才出现了不配对的环。这一结构确凿地证明了 hexon 基因是断裂基因。随后，包括卵清蛋白基因在内的真核生物断裂基因被不断地发现，使这一概念成为分子遗传研究的重要里程碑。

内含子不是固定不变的，高等生物存在一个基因编码多个蛋白质产物的现象，在基因转录后加工过程中，通过选择性的剪切，以不同方式将不同组合的内含子切除，产生多个功能相关的转录本。在有限基因资源和基因组大小的范围内，这些来源于一个基因的不同的蛋白质产物对于维持高等生物复杂的生命活动具有进化上的重要意义。据估计，人类基因编码的蛋白质高达 10 万种，而基因组中编码蛋白质的基因仅仅不超过 25000 个，有超过 70% 的人类蛋白质编码基因拥有不同的 RNA 剪切加工方式，能够产生多种蛋白质产物。

在前体 mRNA 剪切加工之后，通常情况下内含子被切掉并降解，然而有时内含子区域包含有表达功能的序列，某些微小 RNA（miRNA）以嵌套的方式存在于特定基因的内含子内，在宿主基因内转录后的加工过程中，被剪切释放并进行 miRNA 加工，形成有调控宿主基因表达功能的分子，通过自主调控的模式来对基因的表达进行微调。人们把这种位于蛋白质基因内含子中的 miRNA 称为内含子 miRNA，内含子 miRNA 通过转录后调控的方式抑制宿主基因的翻译或促进其降解从而抑制基因的表达，通过生物信息学分析显示的这种调控方式普遍存在于真核生物调控网络中。

内含子的存在提供了基因组进化的多样性，因为减数分裂中内含子内发生重组形成的外显子重排增加了进化中基因的多样性。同时内含子发生突变的频率较高，内含子的长度变化丰富，由于这些改变并不直接影响基因最后产物的顺序，因此更容易在进化中发生积累，真核生物内含子的存在为遗传变异提供了丰富的物质基础。

然而，真核生物中有些物种的基因很少含有内含子，如：酵母90%以上的基因是不含内含子的非断裂基因。其他无内含子的真核生物基因包括构成核小体主要成分的组蛋白基因、干扰素基因等。同时，原核生物基因中也有少量含有内含子的，如T4噬菌体的胸苷合成酶基因。真核生物基因中内含子的存在为生物的进化提供了极大的多样性，并且因内含子剪切方式的多样性从而提高了基因组信息的利用效率，由此看来，内含子的出现和生物复杂性的进化存在平行的关系。

真核生物基因组中编码序列仅占小部分，除基因的内含子所占据的组成之外，基因组中大部分区域是庞大的基因间隔区，其中蕴含大量的各种类型的重复序列。例如：人基因组中编码蛋白质的序列仅占基因组的1.5%左右，其余为内含子序列、基因间的间隔序列、各种类型的重复序列。这些重复序列的存在不仅是维持基因组基本功能所必需的，同时也是基因组进化的重要来源。

外显子与内含子的结构特征：外显子与内含子相比，通常很小且大小范围比较稳定，在数十个到数百个核苷酸不等，而内含子则有很大的差异，短则仅有数十个碱基对，长则高达数千个碱基对甚至更多。不同基因间内含子的数量也存在很大的差异，最少的只有一个内含子，最多的是引起人类遗传学疾病的假肥大性肌营养不良（DMD）的致病基因，其内含子多达79个。内含子和外显子的关系可以比喻成"广阔的海洋和岛屿"的关系，比较不同物种的相关基因时可以发现相应的外显子序列通常是保守的，而内含子序列则很少保守，在不同物种间及物种内个体间存在较大的差异，这是由于编码外显子的序列通常处于选择压力之下，而内含子由于没有选择压力因此比外显子进化得快。

基因的结构中，无论是内含子与外显子，还是基因的调控序列，它们的本质都是核酸，在化学水平上没有本质上的差异，而且基因及与其相连锁的非基因区域也是如此。因此，基因组中一段行使基因功能的DNA序列的最主要特征还是核苷酸排列方式的不同，即序列本身的差异。阅读基因，使其在特定的时空条件下被表达出来，需要细胞内复杂的基因表达调控体系的参与，而基因表达调控体系的执行者也是基因的产物，也就是说基因组不仅包含结构基因，同时也编码了调控基因表达的基因。

因此，基因的进化必定伴随着基因表达调控的进化，二者相辅相成。

三、基因的类型

（一）编码蛋白质的基因

蛋白质是构成生物体结构和功能的最重要成分，参与所有生物体结构的构建和细胞的生命活动。从"一个基因一个酶""一个基因一条多肽链"的早期基因定义可以了解人们对于蛋白质编码基因的认识是解决早期基因本质的主要科学问题，诚然，细胞蛋白质数量、结构的复杂程度和表达调控网络的精细程度与生物体的复杂程度有密切关系。因此，蛋白质编码基因是基因组中最重要的组成部分，占据了遗传信息的核心地位，几乎所有的调控基因都与蛋白质的时空特异性表达有关。人类的蛋白质编码基因有接近25000个，这些基因决定了人体生长发育、环境应答、思维意识等所有的功能。蛋白质基因的时空特异性表达调控决定了人类发育的全部过程，因此，蛋白质基因的结构和表达调控模式的演化是生物进化的核心内容。

蛋白质编码基因的结构也是被广泛研究的最具有代表性的基因结构，即结构基因区（编码区）、侧翼调控序列（启动子、终止子）、其他调控序列（增强子、沉默子）。其中结构基因区包含外显子和内含子。蛋白质编码基因表达时，不仅通过反复转录产生多个mRNA拷贝，mRNA翻译过程也是反复进行的，一条mRNA结合多个核糖体，反复地指令翻译系统合成大量蛋白质，因此基因的表达具有显著的放大效应。

一个编码基因就能够通过表达过程产生足够量的蛋白质产物，因此蛋白质编码基因常常是单拷贝的，是典型的单一序列DNA组分。某些基因在基因组中以蛋白家族的形式存在，如Ras蛋白超家族有超过150个成员，因为这些蛋白质的氨基酸序列不完全相同，而且已经发生功能上的分化，代表了完全不同功能的基因，所以并不是真正意义上的重复序列。

52

（二）编码RNA的基因

人类基因组编码的转录物中，蛋白质编码基因的转录物仅占1/5，有相当多的基因资源并不编码蛋白质，而是编码终产物RNA，这类RNA种类众多，功能多样。其中很大一部分是与蛋白质基因的表达调控相关的RNA，这些RNA基因与蛋白质编码基因不同，RNA编码基因每次转录只产生一个有功能的RNA终产物，有些种类的RNA基因为了在短时间内高效合成大量的基因产物，需要基因组中含有较多的拷贝数，因此，这些RNA基因大多数是多拷贝的。以核糖体rRNA为例，其编码基因不仅存在多拷贝，而且在发育的特定时期还能发生rRNA基因的扩增，产生数百个串联排列的拷贝，在细胞核内构成细胞核仁组织区表达大量的rRNA，形成灯刷染色体，完成核糖体大、小亚基的组装，从而适应卵母细胞发育中蛋白质合成的需求。而其他大多数有功能的RNA基因是单拷贝的，如miRNA基因。

已知的RNA基因根据功能可分为7类，即rRNA基因、tRNA基因、scRNA基因、snRNA基因、snoRNA基因、小分子干扰RNA基因和长非编码RNA（lncRNA）基因。

1.rRNA基因

rRNA基因也称为rDNA，rRNA是核糖体的主要骨架成分，约占细胞总RNA量的80%，在真核细胞全RNA提取试验中，经过琼脂糖凝胶电泳可以观察到rRNA不同组分的带型，包括 28S、18S、5.8S、5S。它们分别由两个区域编码，其中 28S、18S、5.8S rRNA 基因构成一个类似于操纵子的结构，先合成一个 45S 前体转录物，通过转录后加工形成三种不同的 rRNA 终产物。而 5S rRNA 则定位于另外区域的串联重复序列，转录和加工过程单独进行。45S rRNA 基因以多基因家族形式存在，是基因组中度重复序列的重要组成部分，定位于近端着丝粒染色体第 13、14、15、21、22 号染色体短臂，由 43 kb 组成的 rDNA 单位串联排列形成；5S rRNA 基因定位于第 1 号染色体 1q42，由 2.2 kb 的串联重复序列构成基因簇。

2.tRNA 基因

tRNA 是蛋白质合成中不可或缺的氨基酸转运载体，tRNA 基因也以家族性存在，构成了基因组中另一类 RNA 分子家族。人类基因组含有 497 个核 tRNA 基因以及 22 个线粒体 tRNA，其中核 tRNA 基因构成 49 个家族，分布于除 22 号和 Y 染色体以外的所有染色体上。tRNA 总量占细胞所有 RNA 的 15%。

3.scRNA 基因

scRNA 基因产物是细胞质小 RNA。scRNA 存在于细胞内，例如：7SL RNA 是细胞质信号识别颗粒（SRP）的组装骨架，对于新生肽链的信号肽识别、结合和运输起重要作用。

4.snRNA 基因

snRNA 基因编码核内小 RNA，snRNA 常常与蛋白质结合形成核糖核蛋白颗粒（RNP），在间期细胞核中可见 RNP 聚集形成的复合结构，参与前体 RNA 的加工。

5.snoRNA 基因

snoRNA 基因编码核仁小 RNA，用于指导其他种类 RNA 的化学修饰。例如：rRNA、snRNA 都能成为 snoRNA 修饰的底物，使特定位点的碱基发生甲基化或使碱基转变成假尿嘧啶。

6. 小分子干扰 RNA 基因

近年来，一种转录后水平调控基因表达的小分子 RNA 被逐渐认识，这一类型的小 RNA 长度大约 22nt（核苷酸），构成一个大的小 RNA 家族，能作用于特定的靶 mRNA，也可选择性地结合多种 mRNA（主要结合在 3'–非翻译区），通过抑制翻译或引发 RNA 降解的方式调控基因的表达，其本身的表达调控以及与靶基因表达的关系对于个体发育、疾病发生等是不可或缺的。"小分子干扰 RNA 是真正触发 RNA 干扰的效应分子，具有高度特异性、高效性、高度稳定性的特点，可在组织细胞内介导基因沉默。"

目前已知这种类型的小 RNA 分子主要分三大类：miRNA、siRNA、piRNA。小分子干扰 RNA 基因种类众多，其中人类基因组中 miRNA 总数超过 1000 个。

7.lncRNA 基因

lncRNA 基因是另外一类非蛋白质编码 RNA 基因，其产物 lncRNA 与小分子干扰 RNA 不同，长度大于 200nt 而小于 100000nt。其种类众多，数倍于已知的蛋白质编码基因转录物。与蛋白质编码基因相似，其成熟转录物经过 5′–加帽、3′–PolyA 修饰以及剪切过程，但不含或极少含有开放读码（ORF）。

最初发现的时候，lncRNA 被视为转录的杂音，是 RNA 聚合酶Ⅱ的副产物。然而，近年来人们发现，lncRNA 参与了多种重要的生物学功能，包括 X 染色体剂量补偿效应，基因组印记以及染色质修饰，胚胎干细胞多能性调节，转录调控，核内运输等多种重要的调控过程。其中调节 X 染色体失活的 Xist 基因位于 X 染色体失活中心，其产物就是典型的长链非编码 RNA，长度有 17kb，在哺乳动物中 XistRNA 仅由同源染色体中失活的 X 染色体表达，是 X 染色体失活的重要调节因子。

相对于蛋白质编码基因，lncRNA 行使功能的方式多种多样，主要调节基因表达、蛋白质活性和参与到细胞核糖核蛋白体的形成，对于大多数 lncRNA 来说，其功能未知，有待于阐明。lncRNA 基因和 miRNA 基因的存在极大地丰富了编码蛋白质基因的调控手段，使得基因调控网络更加精细，使用有限的蛋白质编码基因就能够完成复杂的生命活动。

54

四、基因的存在方式

（一）基因家族

通过比较不同物种基因组的大小可以看出，从简单的低等生物到高等生物，基因组大小基本上与物种的复杂程度呈正相关。真核生物基因组中大量的重复序列信息显示，基因的加倍和趋异是进化中基因组扩增的主要方式，因此基因组中存在着大量这一过程的遗留物——基因家族。基因家族是来自共同的祖先基因，通过加倍扩增和进化中的趋异作用而形成的序列相似、功能相关的所有基因的统称。

基因家族可以位于基因组特定位置，串联排列，如 α–珠蛋白基因，定位于第 16 号染色体上，包含 7 个基因座，共 30 kb，串联排列，它们分别编码胚胎发育不同时期及成体的 α–珠蛋白基因或者假基因，它们共同构成一个基因簇。基因簇是指基因家族中的各成员紧密成簇排列成大串的重复单位，位于染色体的特殊区域。除了 α–珠蛋白基因之外，很多具有相关功能的基因倾向于串联聚集排列在染色体的特定区域内，构成基因簇，在人类基因组中有约 37% 的 miRNA 基因聚集形成基因簇，例如人 has-miR-17 基因簇就是由 6 个成员构成的。

基因簇不仅在不同物种间高度保守，部分 miRNA 构成的基因簇的表达方式也很特别，首先以多顺反子形式转录，然后进行剪切和加工，形成成熟的 miRNA，这样使得同一基因簇内的 miRNA 基因接受相似的调控并具有相似的表达图式。基因家族也可以分散存在于不同的染色体上，如 Ras 超家族基因，共计有超过 150 个成员，根据它们之间的氨基酸相似性及功能的相关性分为 6 个亚家族，在基因组中广泛分布。

（二）重叠基因

重叠基因是指编码序列彼此重叠的基因，重叠有以下方式：

第一，2 个基因首尾重叠，形成一段 DNA 序列，为两个以上的基因编码，阅读框相同。

第二，2 个基因共享同一编码区，由不同的启动子分别起始转录形成不同阅读框的产物，如人类 INK4a / ARF 基因座编码两个产物 p19 和 p16。

第三，同一 DNA 区域的正反义两条链分别作为编码链被转录形成表达产物，如人线粒体基因组两条链都能被转录、表达蛋白质和 RNA。

第四，基因完全位于某个基因的非编码区，如内含子区域，能够独立转录、剪切、加工。例如：人类神经纤维瘤 I 型（NF1）基因定位于第 17 号染色体，全基因长约 280 kb，在其第一个内含子区域内含有小 RNA 基因 MIR4733，同时在其他内含子内含有 EVI2B、EVI2A 和 OGM 三个基因，分别独立转录、加工。像这样一个基因内存在多个重叠基因的现象，也称为基因内基因。

（三）假基因

假基因是指来源于基因组内的功能基因，序列上与功能基因相似，但因为丢失调控元件不能表达或者因积累过多发生突变，已经失去活性。虽然称之为基因，由于其含有过多的突变，且大多数情况下不能转录，因此假基因被认为是进化的末端。例如：在 NF1 基因的一个内含子中就存在一个假基因 AK4P1。在人类基因组中假基因数量庞大，据分析总数约为 20000 个，相对于 23000 个有功能的蛋白质编码基因来说是个不小的数目，约 3% 的假基因是可以转录的。假基因按来源来分有以下两类：

第一类假基因来自重复，一般是功能基因的重复，并且保留在源基因附近构成基因簇的成员例如：人 α–珠蛋白基因家族成簇排列，共 7 个成员，其中含有 4 个假基因，假基因内部由于突变、插入、缺失造成翻译中途停止从而形成无功能的蛋白质产物，最终形成了序列与功能相似，但不表达的基因残骸。其中的一个假基因 $\psi\alpha1$ 同有功能的 α–2 基因的序列相似度达 73%。只是假基因中含有很多突变，包括起始密码子 ATG 变成了 GTG，影响剪切的内含子突变以及编码区内的许多点突变和缺失。假基因被认为是由一个珠蛋白基因经过复制产生的，但是这个复制生成的基因在进化的某个时期产生了失活突变，尽管失去了功能，但是不致影响生物体的存活，因此又随着进化积累了更多的突变，从而形成了现今的假基因的序列。

第二类假基因也称为加工型假基因，这类假基因是由细胞内的逆转录酶将 RNA 逆转录形成 cDNA，并进一步整合到基因组中形成的，它的存在方式是分散的，遍布于基因组中，无内含子及基因的侧翼序列，因此不能转录成有功能的产物。尽管一般认为假基因失去了活性、不能转录，但人们发现有些假基因是能够转录的，而且也有人进行小鼠随机插入试验，证明了假基因被破坏后会产生严重的表型改变。因而，假基因在进化中的意义及其在个体发育中的功能尚有极大的探讨价值。

第二节　基因组及其遗传标记

一、基因组的概念

基因组是指生物的整套染色体所含有的全部 DNA 序列，指的是一个生物体内所有遗传信息的总和。对于真核生物来讲，既包括核基因组也包括核外基因组，如线粒体或叶绿体基因组。尽管核外基因组仍然非常重要，但由于核外基因组所占比例极低，组成相对简单，因此人们研究的主要目标在于核基因组，即核染色体组。

基因组的概念最早由德国汉堡大学 H. 威克勒于 1920 年提出，用来表示真核生物从其亲代所继承的单套染色体所携带的遗传信息的总和，也称为染色体组。例如：人类体细胞含有 23 对 46 条染色体，而配子中只含有半数的（23 条）染色体，那么人类基因组指的是配子所含有的单套（23 条）染色体所携带的遗传信息的总和，但由于决定性别的性染色体 X 和 Y 不同于常染色体成对存在，具备完全的同源性，因此人类基因组包含的染色体是 24 条。每条染色体都含有一个完整的 DNA 双螺旋分子，由许多线性排列的连锁基因组成，因此，一条染色体也称为一个连锁群。

一条染色体上的所有基因按照遗传的连锁与交换规律（孟德尔第三定律）进行上、下代间的传递，而不同染色体之间的基因传递则遵循基因的自由组合规律（孟德尔第一、第二定律）。其中基因间连锁与交换的基础是减数分裂前期 I 的同源染色体非姐妹染色单体之间的交叉与互换。由此看来，一个基因组内的各基因间的传递方式会因为它们所处连锁群的不同而有所差异，处于连锁群内的基因呈连锁传递，如果我们认识了基因组内所有连锁群内基因间的连锁关系，那么就可以根据其连锁关系的存在对生物性状的决定基因进行分离，这代表了遗传学研究的一个重要领域（正向遗传学，即由性状到基因）。

人类中许多致病基因也正是通过连锁分析的方法对来自遗传病家系的个体进行遗传病致病基因分离和鉴定的。通过连锁分析，人们已经找到并克隆了亨廷顿氏舞蹈症的致病基因（HTT）及囊性纤维化基因（CF）。

采用连锁分析的方法进行基因的克隆需要先绘制物种基因组的遗传图谱和物理图谱，根据这样一些已知的遗传标记在基因组的位置关系来定位未知的基因，从而将其限定在基因组的较小范围内并将其克隆。

二、基因组大小与物种复杂性

如同生物丰富的表型一样，各类生物所含有的遗传信息的总量也千差万别，从进化的角度看，生物的复杂性是逐渐增加的，这与基因组的进化密切相关。基因组的大小，或者说基因组的总量与生物的复杂性的关系，可以通过对基因组的大小进行比较，然后对比生物在进化中的地位进行分析。

C 值与 C 值悖理：一个物种不同个体间特征性的基因组的大小是稳定的，或者说其 DNA 的长度和组成在物种内是恒定的。我们把物种的特征性基因组的大小或单倍体基因组的 DNA 总量称为 C 值。C 值不仅具有物种特异性，而且根据 C 值的大小，可以大体上把处于相同或不同进化等级及复杂程度的物种进行相对的分类。以基因组 C 值大小为横坐标，以代表不同生物复杂程度的物种为纵坐标，可以得到有规律的曲线。曲线的变化趋势表明：①不同复杂程度的物种间基因组大小差别很大，最小的支原体小于 10^6；②随着生物结构和功能复杂程度的提高，基因组大小（C 值）逐渐增大；③在结构和功能相似的同一类生物或亲缘关系很近的物种间其 C 值的差异很小或很大，C 值分布差异很大的最为典型的代表是两栖类和显花植物，在同一类生物内其 C 值的差距分别达到 2 个或 3 个数量级，而哺乳类和鸟类则是 C 值分布差异很小的代表；④虽然随着生物复杂程度的提高，C 值有逐渐增加的趋势，但是 C 值的大小并不能完全代表生物的复杂程度。即使在动物界，已知两栖类动物 C 值最高可达到 10^{11} 左右，而我们人类基因组的 C 值仅为 3×10^9。

因此，DNA 含量的多少既是生物复杂程度的基础，同时也不完全是决定因素。物种的 C 值与它的进化复杂性之间没有严格的对应关系，这种现象被称为 C 值悖理。C 值悖理现象包含两个基本的遗传学问题：①基因组较大而复杂程度较低的物种，其基因组所含有的 DNA 是否含有大量的非编码成分而导致实际编码的基因数量并没有随着基因组的增大而增多；②如果物种的基因数量随着基因组的增大而增多，那么基因数量的多少是否一定是生物复杂程度的标志。

对于前者，事实上答案是肯定的，确实有些较低等的物种，虽然拥有较大的基因组，然而其编码基因并没有相应增多，原因在于基因组中存在大量冗余的非编码组分。而对于后者，可以根据已知完成的人类基因组序列数据给出答案，人类是复杂程度极高的生物，人体细胞的总数达到 10^{14} 之多，而其全部蛋白质编码基因的总数仅为 25000 个左右，相反，成体中仅含有 1000 个左右体细胞的线虫的蛋白质编码基因数量却达到了约 19000 个，如此鲜明的对比提示我们基因组的大小并不决定生物的复杂程度，而且蛋白质编码基因数量的多少也与其没有一一对应的关系。

对于结构和功能复杂的生物来说，其蛋白质编码基因的总数与其结构和功能的复杂程度没有平行性。一方面，基因的数量并不能直接反映其最终编码蛋白质的数量，真核生物的基因多数是断裂基因，基因的编码序列——外显子，被非编码的内含子间隔开，因此在转录完成后通过差异剪切，使得一个基因能够产生多个功能 mRNA，为蛋白质翻译做指导。通过这样的方式在有限的基因条件下可能产生较多的蛋白质产物，为物种的复杂性增添了物质基础。另一方面，高等生物具有更复杂的基因调控网络，对于基因表达的调控更加精细，这是完成复杂的生命活动所必需的。

三、基因组的化学组成与结构

真正的遗传物质是核酸而不是蛋白质。除了一部分病毒基因组（如流感病毒、艾滋病毒）由核糖核酸（RNA）构成外，绝大多数生物的基因组是由脱氧核糖核酸（DNA）构成的。

1.DNA 的结构单位

DNA 含有 4 种脱氧核苷酸：腺嘌呤（A）核苷酸、鸟嘌呤（G）核苷酸、胞嘧啶（C）核苷酸和胸腺嘧啶（T）核苷酸，如果将每种核苷酸的结构进一步剖析，可发现它们分别由 2′–脱氧核糖、4 种含氮碱基和磷酸基团构成。由 2′–脱氧核糖和碱基构成的分子称为核苷，加上磷酸后称为核苷酸。

虽然游离的核苷酸上结合的磷酸基团有三种类型：单磷酸、双磷酸和三磷酸，但只有三磷酸核苷酸才是合成 DNA 的底物，它们分别是 dATP、dGTP、dCTP 和 dTTP。4 种核苷酸以特定顺序首尾相接，通过 5′,3′–磷酸二酯键连接构成 DNA 单链，一个核苷酸链含有两个末端核苷酸，其中之一含有游离的 5′–磷酸基团，而相反的一端则含有游离的 3′–OH，这就形成了核苷酸链的极性，而人们习惯于按 5′–3′方向书写核苷酸序列，因此，所有已公布的核酸序列均遵循这一排列方式。

2.DNA 双螺旋构象

两条互补的单链从极性角度看反向平行、相互缠绕形成双螺旋结构的 DNA 分子，在 DNA 链上，糖和带有负电荷的磷酸构成骨架，处于双螺旋的外部，而碱基则位于双螺旋的内侧，通过碱基间的相互作用形成螺旋状的"楼梯"，将两条 DNA 链结合在一起。事实上天然 DNA 分子绝大多数采用稳定的双螺旋结构，只有少量单链 DNA 病毒除外（如：引起猪流产的细小病毒的基因组由单链 DNA 构成）。

之所以双螺旋 DNA 具有很高的稳定性，是由于稳定而广泛的分子间作用力的存在。维持 DNA 双螺旋结构稳定的作用力主要包括：氢键——维持两条互补单链上的碱基稳定配对；碱基堆积力——垂直于双螺旋方向的相邻碱基间杂环之间的作用力。

碱基配对的主要形式只有两种，即 A–T 和 G–C 配对，事实上，两种配对方式之间形成的氢键数目不同，A–T 配对之间形成 2 个氢键而 G–C 配对之间形成 3 个氢键，G–C 配对之间的相互作用更加稳定，因此 DNA 分子中 G-C 配对比例的高低影响着 DNA 双链之间的稳定性。正是这种分子间作用力的存在使得 DNA 双链分子能够紧密结合在一起形成稳定的双螺旋构象。

DNA 双螺旋的天然构象主要是 B-DNA、A-DNA 和 Z-DNA 三种，其中 B-DNA 是细胞内的主要形式，而 A-DNA 是在特定 DNA 序列中或非生理条件下 DNA 采取的构象，B-DNA 及 A-DNA 均为右旋构象。相反，Z-DNA 是左旋构象，是在某些特定序列存在下 DNA 采取的构象。采取不同构象的 DNA 与蛋白质结合特性不同，例如 Z-DNA 能够被细胞核内特定的 DNA 结合蛋白识别，影响基因的转录活性。

3.DNA 构象稳定性

生物体内的 DNA 总是与蛋白质结合，与蛋白质结合能够改变 DNA 的构象，使得 DNA 分子发生轻微解旋，导致单位长度的 DNA 螺旋缠绕圈数少于游离存在的 B-DNA，对于真核生物来说，与蛋白质的结合不仅影响 DNA 结构的稳定性，同时也与基因的表达调控密切关联。

DNA 序列本身也蕴含着构象信息，如一些特定的 DNA 序列能够影响 DNA 的构型，如果 A-T 碱基对每隔 10 个碱基周期性出现，会导致其所在区段出现明显的弯曲从而偏离标准的双螺旋构象。事实上，由于 DNA 序列的多样性和细胞核内大量 DNA 结合蛋白的存在，DNA 构象经常发生各种方式的修饰，而这种修饰后的构象本身也蕴含着基因表达调控的信息，决定了所在区段基因表达的时空特异性。

4.RNA 的遗传功能

多种感染人类的病毒是由 RNA 行使遗传功能的，它们的基因组是 RNA，而非 DNA。从分子大小看，这些 RNA 病毒的基因组都很小，甚至小到只有数千个碱基。然而它们存在的方式多种多样，可能以正义单链形式或反义单链形式存在，也可以双链形式存在。例如：流感病毒和脊髓灰质炎病毒分别是反义单链和正义单链 RNA 病毒；而轮状病毒则是双链 RNA 病毒。

遗传物质 RNA 的存在方式决定了其信息的复制方法和阅读方式，形成了 RNA 病毒所特有的遗传和变异模式，而且，逆转录病毒感染宿主后，其基因组能够在宿主细胞内发生逆转录，然后以溶原途径整合进入宿主基因组内形成对宿主基因组的修饰。高等真核生物（包括人类）基因组的组分中有很高比例的组分是来自逆转录病毒基因组及其扩增产物，例如人类基因组中长分散组分和短分散组分重复多达数万次，约占基因组总量的 40% 之多。

RNA 不仅作为少量简单生物（RNA 病毒）的遗传物质，同时也是所有生物物种中不可或缺的功能性大分子，在基因表达中行使信息载体（mRNA）功能，在 mRNA 成熟加工

（snRNA）、mRNA 稳定性调节（miRNA，siRNA）、氨基酸转运和蛋白质翻译（tRNA，rRNA，7SLRNA）中发挥重要的作用。RNA 的化学组成和结构与 DNA 相似，也是由核苷酸首尾相接，通过 5'，3' – 磷酸二酯键连接形成单链结构。不过构成 RNA 分子的核苷酸与构成 DNA 的脱氧核苷酸在分子结构上有差别，属于非脱氧核苷酸，即核苷酸上五碳糖上的 2 位 C 原子上结合有羟基（2'–OH）而非氢原子（2'–H）。由于 2'–OH 比 2'–H 的化学性质更加活泼，这就赋予了 RNA 分子完全不同于 DNA 的理化性质。例如：所有的 RNA 分子与 DNA 分子相比都短很多；而相反由于 2'–OH 参与分子构象形成，RNA 能够形成稳定的 3 级结构；RNA 很难形成长片段的互补配对区域等。

除此以外，组成核苷酸的 4 种碱基中有一种与组成 DNA 的核苷酸不同，除了腺嘌呤、鸟嘌呤和胞嘧啶外，RNA 分子中含有独特的碱基尿嘧啶，即含有 A、G、C、U 4 种碱基的三磷酸核苷酸是合成 RNA 的原料。而 RNA 中尿嘧啶的存在也恰恰揭示了流感病毒等 RNA 病毒比 DNA 病毒更易发生突变的主要机理，原因在于胞嘧啶的自发脱氨是细胞中常见的事件，脱氨后胞嘧啶（C）就变成了尿嘧啶（U），而突变形成的 U 与原有的 U 没有任何差别，因此原来分子的基本功能不会因为胞嘧啶脱氨而发生毁灭性的丧失。相反，如果以胸腺嘧啶（T）作为 RNA 的组成碱基，突变的后果对于分子的结构和功能来说却是灾难性的。

除了作为遗传物质的 RNA 之外，上述所有的 RNA 都由 DNA 编码，也就是使用 DNA 作模板，通过转录来合成各种功能的 RNA。转录过程依赖于碱基互补配对，如果 DNA 分子上某位点是 A，则对应合成 RNA 的相应位点即为 U，即 A–U 配对，其他的配对方式与 DNA 完全相同。单链的 RNA 常常通过分子内部的碱基配对形成颈环状的局部双螺旋结构，一般长度不超过 10 个碱基对，在分子内相互作用力下，RNA 分子易形成带有稳定空间构象的三级结构。因此，某些 RNA 分子具有酶活性，称为核酶，如催化 mRNA 前体加工的 snRNA 分子等。

5. 基因组的结构与功能单位

DNA 或 RNA 中所包含的遗传信息以基因的形式存在，基因构成了基因组的结构和功能单位，基因所含有的特定的核苷酸序列通过细胞内的"阅读"机制完成表达，形成具有细胞生物学功能的蛋白质产物。这种"阅读"机制是通过受高度调控的特定组合的基因表达调控蛋白来完成的。基因的蛋白质产物表达与否取决于基因特异的侧翼调控序列，包括位于基因上游近端的启动子、下游近端的终止子和位于上游或下游较远距离的增强子等。因此，基因组内各个基因的表达都具有一定的独立性。

原核生物和真核生物基因组的结构和复杂性存在巨大差异，原核生物染色体的结构简单，常由单一的呈环状的 DNA 分子构成，有少量的蛋白质与之结合；而真核生物染色体常由多条线状的双链 DNA 和与之结合的大量蛋白质构成，包括组蛋白和非组蛋白。

核苷酸、脱氧核苷酸构成了生物体的基因组，在已经明确的天然基因组的基础上，可以通过人工化学合成的方式重建具有全部功能的人工基因组。

四、基因组的结构特征

基因组中所包含的所有的信息是指其全部核苷酸序列的总和，无论是原核生物基因组还是真核生物基因组，并不是所有的核苷酸序列都有遗传编码功能或者调控功能。尚未发现有任何编码或者调控功能的序列，我们将其称为冗余序列。冗余序列一般位于基因间隔区域，尽管这些序列可能对于维持基因组的进化或稳定性具有一定功能，但相对于具有表达产物的基因区域显得不那么重要。

（一）原核生物基因组的结构特征

原核生物基因组很小，且排列十分紧凑，基因间隔区域很少。例如，大肠杆菌的非编码序列仅占 11%。而一种生活在海洋中的浮游细菌 P.ubique（SAR11）则含有目前发现最为紧凑的基因组，在全部由 1308759 bp 的核苷酸组成的基因组中共有 1354 个蛋白质基因，35 个 RNA 基因，这些仅仅是独立生存所必需的基因数目，没有假基因和内含子，没有转座子或者噬菌体序列。

与此同时，原核生物基因组包含大量的操纵子，每个操纵子都是一个独立的转录单元，具有启动子、操纵基因序列和其下游的结构基因或一组串联排列的功能相关或无关的结构基因，每个基因间仅有极少的核苷酸间隔。事实上，大肠杆菌有 2584 个操纵子，其中大部分操纵子含有单个结构基因，而少部分的含有 2 个或 2 个以上的结构基因。

（二）真核生物基因组的结构特征

真核生物的基因组包含核基因组与核外基因组，核基因组位于染色体上，不同物种的染色体数目有明显的差异，而物种内是稳定的。我们把单倍体所含有的全套染色体称为染色体组，一个染色体组即是配子中所含有的全部染色体的总和。核外基因组是指线粒体基因组和叶绿体基因组，分别位于不同的细胞器中。

1. 染色体组的细胞学特征与核型分析

在细胞有丝分裂中期，染色体处于高度凝缩状态，呈现特征性的核型。通过特定的染色方法，如吉姆萨染色可使染色体染成紫红色，便于形态观察。在正常的条件下，一个体细胞的核型可代表该个体的核型。将待测细胞的核型进行染色体数目、形态特性分析，并排列成图片的过程称为核型分析。通过染色体核型分析能够区分的染色体结构精度依赖于对染色体染色的方法，通常使用吉姆萨染色方法得到的染色体形态没有更详细的结构特征，因此对于区分染色体以及认识染色体结构尚不充分。

为了能够对染色体的详细结构进行区分，人们用物理、化学因素处理后，再用染料对染色体进行分化染色，使每条染色体上出现明暗相间或深浅不同的带纹，且带纹的数目、部位、宽窄和着色深浅均具有相对稳定性，这一技术称为显带技术。染色体显带技术如同为每条染色体加上了条形码，每一条染色体都有固定的带纹模式，这样不仅可以轻松区分不同染色体，而且还能很容易地进行染色体形态和结构观察。

染色体显带技术有多种，根据使用的处理方法和所用染料的不同，可以将染色体带型分成多种，如 G 带、R 带、C 带、N 带、T 带等，每种显带方法都有特征性的带纹。通过显带技术进行核型分析，可以从染色体水平对一个个体的遗传组成是否正常进行判断，若发生染色体水平的异常，包括染色体数目和结构变异，可以通过核型分析得出可靠的结论。

2. 核型分析的意义

通过核型分析检测得到的染色体结构变异一般涉及范围较大，如发生大片段 DNA 的缺失、重排等。然而，显带技术提供了对遗传物质结构进行精细分析的工具，使得核型分析在较长时间内对遗传学相关领域的发展发挥着重要作用。通过 G 显带核型分析能够鉴定人类多种染色体综合征，如唐氏综合征（也叫 21 三体综合征），该症患者体细胞中含有 3 条第 21 号染色体，导致伴有严重智力低下的出生缺陷。核型分析的方式在遗传咨询和产前诊断中的应用能够在一定程度预防多种人类染色体综合征的发生。

62

此外，在植物物种亲缘关系鉴定和系统发生上，根据核型分析来比较物种之间的染色体组带型，解决了诸多的疑难问题，成为鉴别植物之间亲缘关系的重要依据。

3. 原位杂交技术

如果通过显带技术能够展现稳定的染色体形态，那么以此物理结构为基础，每条带纹所包含的遗传信息也就应该是稳定的，即每条带纹上应当包含了特定的遗传信息。20 世纪后期人们已经能够将特定的遗传信息与染色体核型上的特定带纹建立联系。20 世纪 60 年代末期诞生了基于核型分析的原位杂交技术。

原位杂交是利用带标记的探针同组织、细胞或染色体的 DNA 进行分子杂交，从而对细胞中的待测核酸进行定性、定位或相对定量分析的方法。以某些特定的遗传标记或基因为模板合成标记的探针，通过原位分子杂交的方法将该遗传标记或基因定位在染色体特定区域的带纹上，建立了遗传信息与细胞遗传学结构间的可靠关联。例如：以小鼠卫星 DNA 为模板体外合成了放射性物质 3H 标记的 RNA 探针，并与小鼠中期染色体标本进行原位杂交，经放射自显影及吉姆萨染色，发现小鼠卫星 DNA 主要分布在结构异染色质区。通过原位杂交方法将核糖体 RNA 基因 28SrDNA 基因定位于人的 G 显带核型的 D、G 组染色体（第 13、14、15、21 和 22 号染色体）的次缢痕区。

在传统放射性原位杂交的基础上，采用非放射性标记物标记探针，如荧光素、生物素、地高辛等，进行原位杂交，利用荧光标记物在紫外线激发后发出荧光的特点，使用荧光显微镜可直接进行杂交信号的观察、检测，诞生了荧光原位杂交技术（FISH）。使用荧光原位杂交技术不仅能够进行精细基因在染色体上的定位分析，同时对物种染色体来源的识别、杂交育种后染色体易位的鉴定具有重要意义，是分子生物学与细胞遗传学技术相结合解决遗传学问题的重要手段。

五、染色体作图与遗传标记

通过原位杂交技术能够将特定基因定位在染色体上的细胞图上，然后根据基因在染色体上的定位就可以对某些感兴趣的性状决定基因进行分离，如一些重要的疾病相关基因的分离和鉴定。这对于研究基因的功能和作用机制意义巨大。然而相对于基因的尺度，染色体结构尺度过大，而基因分离的难度和定位的精度是成反比的。因此，如果不能实现精确的定位，将会导致通过连锁分析分离鉴定基因变得耗时、费力。为了实现详细的基因排列，获得精细的基因图谱需要借助大量的遗传标记来对基因组进行微尺度标记。这时人们使用的方法是建立遗传图谱。

通过遗传连锁与互换方式（也称为遗传重组）所得到的基因或遗传标记在染色体上线性排列的图称为遗传图谱或连锁图。它是通过计算连锁的遗传标志之间的重组率，确定基因间的相对距离的，一般用厘摩（cM，即每次减数分裂的重组率为 1%）来表示。

与原位杂交不同，绘制遗传图谱需要进行多次杂交或者对大的遗传性疾病家系进行连锁分析，对连续多代个体间（实际上是经过多次减数分裂事件的群体）基因的连锁关系进行分析。否则，如果杂交群体太小所得结果会出现较大偏差，不利于得出正确的连锁关系数据。

此外，用于连锁分析的基因资源，主要来自表型上有明显改变的种质资源或者有遗传性疾病的基因变异。早期用于连锁分析进行遗传作图所用的遗传基因非常有限，因此获得的遗传图是粗略的、大尺度的，增加遗传作图的精度就需要大量可利用的遗传标志物。

（一）遗传标记

遗传标记是指在染色体上位置已知的基因或一段 DNA 序列，在遗传分析中可作为基因定位和连锁分析的参照。它具有遗传性和可识别性，因此，生物的任何有差异表型出现的基因的变异类型或者虽未有显著表型差异但能够被检测到的一段 DNA 差异序列均可作为遗传标记。

遗传标记包括形态学标记、细胞学标记、生物化学标记、免疫学标记和分子标记五种类型。前四种标记属于传统遗传标记，例如：果蝇遗传学试验中使用的白眼和红眼（野生型）基因属于形态学标记，传统遗传标记的数目较少，不能满足精细遗传作图的需求，而分子标记的出现有效弥补了这一不足。

分子标记是可遗传的并可被识别的 DNA 序列或蛋白质，广义的分子标记包括蛋白质标记和核酸标记。而近来常常使用的"分子标记"是指 DNA 分子上位置已知的，能反映生物个体间或种群间某种差异的特征性 DNA 片段。分子标记的种类主要有限制性片段长度多态性标记、可变数目串联重复序列标记、AFLP 标记、STS 标记和单核苷酸多态性标记等。

1. 限制性片段长度多态性标记

所谓的限制性片段长度多态性（RFLP）是指当基因组 DNA 被限制性内切酶切割后产生的来自同源染色体的片段长度在不同个体间具有差异，呈现多态性。RFLP 标记是第一代分子标记，其产生的机理有以下两种：

（1）在于基因组中存在可以引起酶切位点变异的突变，导致某一酶切位点的新生或消失，当使用该酶进行酶切时某一特定片段的长度就会发生变化或者消失。

（2）在两个酶切位点之间如果有 DNA 片段的插入、缺失或者含有重复序列拷贝数的变异，也能造成酶切位点间的长度发生变化，从而导致 RFLP 标记的产生。事实上在两个酶切位点之间由于重复序列的拷贝数差异而产生的 RFLP 标记在遗传作图上具有很高的利用价值。

一个物种内的不同个体间或者不同的地理隔离群间均含有大量的 RFLP 标记，这为绘制详细的遗传图提供了高价值的标志物。因此，使用 RFLP 标记作为遗传标记会极大丰富标记的种类并提高遗传作图的精度。作为便于使用的遗传标记，RFLP 标记的特点还包括：① RFLP 标记是使用分子生物学手段检测的纯粹分子标记，不需要对应任何遗传性状；②不同于经典的遗传标记，RFLP 标记在等位基因之间具有共显性特征，即如果两条同源染色体上的 RFLP 片段长度不同，检测后都能显示，没有显隐性差别；③由于基因组的突变资源丰富，RFLP 标记的数量较多。

尽管 RFLP 标记并不对应某一性状，但是可以通过连锁分析测量 RFLP 标记与经典遗传标记间的连锁关系和相对距离，因此，使用 RFLP 标记完全可以实现与经典遗传标记间的对接，建立统一的遗传图谱。

RFLP 标记的利用主要依赖于基因突变，相对于基因组内发生的大量突变，满足刚好位于 RFLP 位点上的点突变概率相对较低，能够被用于 RFLP 标记的基因组内多态性突变位点仅占很小比例，因此使用 RFLP 标记进行遗传作图的精度仍然是有限的。

尽管如此，RFLP 标记已经在遗传作图和基因定位上发挥了重要作用。1992 年，遗传学家绘制了第 24 号染色体基因突变图，标示了 2000 个 RFLP。通过连锁分析已经能够发现许多致病基因与 RFLP 标记之间存在连锁关系，因此 RFLP 标记在致病基因的克隆分离上发挥了巨大作用。

2. 可变数目串联重复序列标记

真核生物基因组中除基因编码序列外，广泛分布着串联排列的重复序列，这些重复序列的重复单元可能较大也可能较小，重复数目不同，即不同个体同源染色体等位位点上的串联重复序列的重复数目存在着较大差异，在个体间呈现广泛的多态性，称为可变数目串联重复序列（VNTR）标记。根据重复序列的重复单元的长度不同，可变数目串联重复序列标记可以分为小卫星 DNA 标记和微卫星 DNA 标记。

小卫星 DNA：由 11～60 bp 的基本单位串联重复而成，重复次数在群体中是高度变异的，可从数十个到数百个不等，呈现高度多态性。然而小卫星 DNA 多位于着丝粒和端粒附近，且分析过程中容易产生假阳性或假阴性，使得其用于遗传标记的价值受到影响。

微卫星 DNA：另外一种可变数目串联重复序列，是短串联重复序列（STR，也称为 SSLP），广泛分布于基因组中，其中富含 A–T 碱基对。1981 年首次发现微卫星 DNA，其重复单位长度一般为 2～6 个核苷酸，其中常见的重复单位有（CA）$_n$、（TG）$_n$、（GAG）$_n$ 和（GACA）$_n$ 等，重复的拷贝数可达到 100 个左右，所以每个微卫星 DNA 长度在数十至数百个核苷酸。

微卫星 DNA 标记的主要特点包括：①种类多、分布广，在基因组中平均每 50kb 就有一个重复序列，多分布于基因内含子区或基因间隔区，因此其变异对于基因的正常功能没有影响；②能够按孟德尔方式遗传并呈现共显性，在人群中高度多态，即正常人群的不同个体间、同一个体的两个同源染色体上等位位点的微卫星 DNA 基本重复次数或 DNA 拷贝数不一样；③微卫星 DNA 标记呈现复等位现象，即同一基因位点的等位基因数目常常是可变的，重复拷贝数的差异广泛存在；④微卫星 DNA 两端序列多为单一序列，长度适中，因此便于通过基于 PCR 扩增的方法快速分析。

综上所述，微卫星 DNA 作为第二代分子标记，在以连锁分析的方式进行精密的遗传作图中发挥重要作用，在遗传图谱中使用的微卫星 DNA 标记迅速扩大到接近上万个，使得遗传作图的精度大幅提高。

3.AFLP 标记

AFLP 标记也称为扩增片段长度多态性标记，是结合 RFLP 标记和 PCR 方法的一种 DNA 指纹技术。通过对基因组 DNA 进行酶切，随后对产生的酶切片段加入接头并选择性扩增酶切片段来检测 DNA 酶切片段长度的多态性。AFLP 同样呈现稳定的孟德尔遗传规律，且 AFLP 分析中所产生的大多数带纹与基因组的特定位置相对应，因此可作为遗传图谱和物理图谱的界标，用来构建高密度的连锁图。

DNA 指纹是指每个个体所具有的特异的 DNA 多态性，常可来进行个体识别、亲子鉴定以及法医学鉴定。该项技术最早在 1984 年由英国莱斯特大学的遗传学家杰弗里斯等提出，他们将分离的人体小卫星 DNA 用作基因探针，同人体核基因组 DNA 的酶切片段杂交，获得了由多个位点上的等位基因组成的长度不等的杂交带图纹，因其在不同个体间差异显著，故称为 DNA 指纹。后来同样作为 VNTR 标记的微卫星 DNA 因其分布广泛、易于检测，现已成为 DNA 指纹分析的主要来源。

4.STS 标记

STS 标记也称为 DNA 序列标签位点。20 世纪 90 年代起，基因组测序工作的开展积累了越来越多的单拷贝 DNA 序列信息，这包括基因序列的一部分，也包括来源于基因表达产物的序列，它们在染色体上的定位也逐渐被阐明，称为序列标签位点。这些序列已知的单拷贝 DNA 短片段可以通过 PCR 进行扩增，产生一段长度为数百个核苷酸的产物，易于检测。由于不同的 STS 标记序列在基因组中往往只出现一次，因而能够作为界定基因组的特异标记制作遗传图谱和物理图谱，因此，STS 标记在基因组作图上具有非常重要的作用。

5. 单核苷酸多态性标记

单核苷酸多态性（SNP）是在基因组水平上由单个核苷酸的变异所引起的 DNA 序列多态性。随着基因组测序工作的开展，人们发现基因组中存在着大量的单个核苷酸变异，人类基因组中平均每 1200 个核苷酸中就有 1 个发生变异，据估计其总数接近 1000 万个，占所有已知多态性的 90% 以上。由于这些变异本身常常并不带来致病性的改变，因此，开拓利用基因组中单个核苷酸变异序列作为分子标记将会对整个基因组学研究提供巨大的信息资源。"单核苷酸多态性作为第 3 代遗传标记，在人类基因组中广泛存在，已广泛应用于人类遗传学、基础医学、临床医学、药物基因组学等多学科研究。"[①]

相对于分析 DNA 的片段长度，SNP 标记分析的是单个碱基的差别，因此，SNP 是双等位多态性，作为多态性的标志，其中一种等位基因在群体中的频率应不小于 1%，如果出现频率低于 1%，则被视作突变。从 SNP 标记在基因组中的分布上看，SNP 的分布最为分散，它既可以存在于编码基因序列中，也可存在于基因以外的非编码序列中，其中存在于编码序列中的 SNP 标记相对较少，然而其可影响一些遗传性疾病的发病机制，因此对其深入研究将有助于理解人类遗传性疾病的发病机制。

SNP 标记的研究价值不仅体现在与疾病发生相关的方面，由于一部分 SNP 标记直接或间接地贡献于个体的表型差异、个体对环境的反应差异，影响了人类对疾病的易感性和抵抗能力，因此，对 SNP 标记的深入研究将有助于更好地理解个体差异，促进人疾病易感性的研究和个体化医疗的开展。

SNP 标记的发现使得遗传作图进入芯片时代，摒弃了经典的凝胶电泳，实现了高通量

---

① 谭奎璧，戴勇．人类单核苷酸多态性及其在医学领域的研究进展 [J]．国际生物医学工程杂志，2012，35（4）：251-253．

化，SNP 标记作为第三代遗传标记，已成为研究基因组多样性、识别和定位疾病相关基因的一种重要手段。

SNP 标记所含有的遗传信息十分丰富，是目前为止发现的在染色体上连锁排列最为紧密的分子标记，因此，SNP 标记的发现和应用推动了全球范围内人类基因组个体差异性和疾病易感性的研究进展。2002 年成立了国际人类基因组单体型图计划组织，单体型是指 SNP 标记在单条染色体上的串联排列模式，在人群中某个染色体区域的 SNP 标记倾向于构成模块连锁遗传，即所谓的单体型遗传，人类基因组单体型图谱计划的目的在于建立人类全基因组遗传多态性图谱，依据这张图谱人们可以进一步研究基因组的结构特点以及 SNP 标记位点在人群间的分布情况，然后通过比较不同人群间 SNP 标记在染色体上的差异，找到个体或群体特征性的 SNP 标记单体型模块，并以此为依据寻找疾病相关基因和探讨不同个体对药物敏感性差异的机制。

此外，还可以通过寻找人类经世代间保守性的单体型图，以及它们在不同族群中的分布，探讨人类起源中重要的迁徙历程和现存人类间的亲缘关系。人类基因组单体型图的构建分为三个步骤：①对来自多个个体（共计 270 个正常个体，分别来自欧洲、亚洲和非洲）的 DNA 样品鉴定单核苷酸多态性 SNP 标记；②将群体中频率大于 1% 的那些共同遗传的相邻 SNP 标记组合成单体型；③从单体型中找出用于识别这些单体型的标签 SNP 标记。

通过图中的三个步骤对 SNP 标记进行基因分型，可以确定每个个体拥有哪一个单体型。按照人类基因组单体型图计划，一期计划共成功分型 100 多万个多态性位点。

（二）分子标记

分子标记的特点包括：①分子标记是基于分子生物学技术而诞生的一类核酸标记，揭示的是来自 DNA 的变异；②大多数分子标记为共显性，便于分析纯合与杂合状态；③基因组内分子标记资源极其丰富；④多数分子标记表型为中性，无显著性状；⑤检测手段简单、迅速。

目前，遗传分析中使用的 DNA 分子标记种类已达到数十种，在遗传育种、基因组作图、基因定位、物种亲缘关系鉴别、基因库构建、基因克隆等方面有着广泛的应用。例如：通过借助于分子标记的连锁分析技术，人们已经将人类亨廷顿氏舞蹈症和囊性纤维化的致病基因进行了克隆，为理解疾病的发生机制奠定了基础。

此外，许多分子标记，包括 RFLP 标记、VNTR 标记、STS 标记和 SNP 标记等对于完成人类基因组计划，绘制完整的遗传图（连锁图）、物理图和序列图起到了奠基作用。

第三节　基因组作图与测序

　　"基因组"一词的使用已有将近百年的历史，而专门以基因组为研究对象的一门遗传学分支学科，即基因组学概念是由美国遗传学家托马斯在 1986 年提出的，这主要归功于 20 世纪 70 年代末端标记双脱氧核苷酸（ddNTPs）基因测序技术的诞生和发展，因为这项技术的发展使得人们得以高效率地阅读基因的序列，使人们从基因组水平认识遗传信息组成成为可能。

　　基因组研究包括两方面的内容：以全基因组测序为目标的结构基因组学和以基因功能鉴定为目标的功能基因组学，又称为后基因组研究。结构基因组学主要完成的工作包括基因组作图、全基因组测序及功能分析，通过对基因组所包含的全部信息的认识，试图从整体水平了解物种的遗传构成和机制。

　　以人类基因组计划为例叙述基因组学的研究历程，事实上在人类基因组计划开始实施后不久，多个物种的基因组测序计划陆续启动，包括病毒、大肠杆菌、酵母、线虫、拟南芥、水稻等，都取得了成功。其中，人类基因组计划（HGP）是由美国科学家于 1985 年率先提出，并于 1990 年正式启动。在当时的状况下，它产生了极大的轰动和社会效应。美国、英国、法国、德国、日本和我国科学家共同成立并参与了这一预算多达 30 亿美元的人类基因组计划。按照这个计划的设想，到 2005 年为止，用 15 年的时间把人类基因组全部 30 亿个碱基对完全测序，把人体内约 10 万个基因（按照当时的估算，但目前认为只有 2.3 万个蛋白质编码基因）的遗传密码全部解开，同时绘制出人类基因的连锁图谱。

　　基于当时人类的技术能力有限，人类基因组计划被誉为生命科学的"登月计划"，可见实现这一计划将要完成的任务之重。

一、遗传图

　　遗传图也称为连锁图，描述的是基因或遗传标记在染色体上的相对位置，是通过分析杂交试验或对减数分裂资料中的基因的连锁关系分析而建立的图谱。作为人类基因组研究计划基石的工作是对基因组进行遗传作图，即将庞大的基因组建立"坐标"，再以此为依据分段测序，采取"化整为零"的策略。待全部测序完成后，再综合拼接建立完整的基因组序列图。在绘制遗传图中使用的遗传标记越多、分布越广泛，所得到的连锁图谱的分辨率就越高。

　　从 20 世纪 80 年代开始以 393 个 RFLP 标记和其他 10 个多态性标记绘制了第一个人类基因组连锁图，绘制了包含 8000 个短串联重复序列 STR（或者 SSLP）的全长约 3500 cM 的人类全基因组的高密度连锁图，人们实现了平均每 380 kb 物理距离含有一个分子标记精确度的目标，这为进一步通过测序和拼接完成基因组全序列分析工作奠定了基础。

绘制遗传图的方法依赖于连锁分析，在染色体上呈串联排列的基因相互连锁成连锁群，位于同一连锁群上的基因在生殖细胞进行减数分裂时发生连锁与交换，一对同源染色体上两个基因座位距离较远，则发生交换的机会较多，重组率较高；相距较近，则重组率较低。将两个基因座位间发生重组的频率是 1% 时的遗传距离定义为 1 厘摩（1 cM），整个人类基因组含 3.2×10^9 bp，遗传距离大约有 3300 cM，1 cM 约为 1000 kb。理论上，通过连锁分析能够对所有已知的遗传标记进行连锁作图，建立统一的遗传图谱，并且能够通过研究遗传性疾病与遗传标记间的遗传距离，对致病基因进行染色体定位和克隆。

通过连锁分析获得遗传图存在的主要问题如下：

第一，连锁分析以染色体上不同位点间的重组率作为遗传距离的划分标准，而实际上染色体上不同区域的重组率并不是均一的，不同的染色体以及同一染色体的不同区段的重组率也是不同的，某些区段具有较高的重组率，称为重组热点。位于着丝粒和端粒处的区域重组率远高于其他区域，因而遗传图谱所给出的遗传距离往往不能完全反映出遗传标记在染色体上的物理位置。

第二，不同于微生物的杂交试验，可供人类基因组计划利用的减数分裂事件毕竟有限，或者说寻找大的家系十分困难，这导致了通过记录减数分裂事件的连锁分析获得的遗传图的分辨力大受限制。为了获得最终的基因组序列图谱，需要将二者之间存在的误差校正到物理图谱水平以真实反映遗传标记间的物理距离。在这种状况下，寻找对基因组进行物理作图的技术突破变得十分迫切。

二、物理图谱

物理图谱是指各遗传标记之间或 DNA 序列两点之间以碱基对数目为衡量单位的物理距离。细胞遗传学图谱相当于最初的物理图谱，使用的标记是经特殊处理后染色体上显示的带纹，通过原位杂交将基因定位在染色体各区带上就形成粗略的物理图谱，当然这种图谱的精度十分有限，且不与具体的核苷酸长度一一对应，远远不能满足基因组测序的要求。

现在，人们已经开发了多种手段进行染色体物理制图，主要的方法有限制性作图、基于克隆的基因组作图、荧光原位杂交（FISH）、序列标签位点（STS）作图。

（一）限制性作图

限制性作图是指将各种限制性酶切位点标记在 DNA 分子相对位置的过程。在使用质粒载体时，先要了解载体的酶切位点，而提供酶切位点信息的技术就是常规的限制性作图。使用常规限制性内切酶（识别位点为 6 个核苷酸）切割基因组时会产生较多酶切位点，因此仅适用于进行小型基因组精确作图（小于 50 kb）。而进行大型基因组作图则需要使用稀有切点限制性内切酶，产生长度达数十万个碱基对的大片段，然后经过脉冲场凝胶电泳进行酶切片段分离、作图，从而标示出酶切位点在基因组中的位置。

（二）基于克隆的基因组作图

1. 载体类型

经脉冲场凝胶电泳后分离的基因组 DNA 片段需要进行克隆才能进行测序工作。因为常规载体仅能容纳数万个核苷酸的 DNA 片段，为了进行大片段的克隆工作，需要经专门设计的能容纳大片段 DNA 的载体，为此，生物学家陆续开发了能够克隆大片段的载体，具体如下：

（1）容载大于 100 kb DNA 片段的酵母人工染色体（YAC），它包含染色体的主要结构：着丝粒、端粒和自主复制序列（ARS），保证了其能够在酵母中进行增殖，标准的 YAC 克隆 DNA 容量为 600 kb。YAC 克隆是首个开发的大型片段载体，从克隆容量上满足了基因组测序的需求，使用 YAC 完成了人类基因组计划的首个大型克隆。但 YAC 存在插入子稳定性和富含 GC 的区域克隆效率较低的问题。

（2）基于 YAC 存在的问题，人们又开发了细菌人工染色体（BAC），BAC 起源于大肠杆菌的 F 质粒，其最主要特点在于：是单拷贝复制，非常稳定；相对分子质量较大，从 F 质粒衍生的 BAC 载体能够容载 300 kb 以上的 DNA 片段；在大肠杆菌中增殖，便于扩增提取，适用于机械化操作。

（3）P1 人工染色体（PAC）也被建立并投入基因组研究中，PAC 能容载片段长度达到 300 kb。

（4）黏粒载体，既含有 F 质粒的复制起始点又含有 λ 噬菌体的 cos 位点，提升了载体的稳定性。

2. 组建方法

重叠克隆群组建：完成了大片段克隆工作后，首先获得的是包含大量的克隆群的文库。需要对文库内各个克隆在染色体上的物理位置进行排列以确定不同克隆之间的物理关系，最终获得首尾重叠的连续的克隆群，以代表一个单倍体基因组一整套完整的信息。用于重叠克隆群组建主要有以下方法：

（1）染色体步移：从基因组文库中随机选取一个克隆，以该克隆的末端序列为探针，从文库中寻找与之重叠的第二个克隆。以此类推，直到完成每条染色体重叠克隆群的组建。该方法进展比较缓慢，适用于小基因组物理图谱的绘制，不适用于人类基因组测序。

（2）指纹作图：对重叠克隆群内的每个克隆进行 DNA 指纹分析，根据它们所含有指纹的重叠状况，判断哪些克隆群是重叠的，以此来对克隆群的各个克隆进行作图排序。用于指纹作图的标记可以是 RFLP、VNTR 或者是 STS 标记，其中后两者是通过 PCR 方式对每个克隆进行专一性扩增来完成的，若两个相邻的克隆含有重叠区域，那么这些重叠区域就具有共同的遗传标记，也就具有了上述相同的 DNA 指纹，据此可以为来源于一个基因组的所有克隆进行排序，完成物理图谱的构建。

（三）荧光原位杂交作图

荧光原位杂交作图是使用荧光素标记一段 DNA 序列作为探针，与细胞分裂中期的染色体或分裂间期的染色质进行杂交，将某一段 DNA 序列定位到染色体或者染色质的某个区域，是一种大尺度的物理图谱绘制方法。其精确度达到 1Mb，约与染色体上的一条带相当，而且原位杂交操作困难，资料积累慢，故仅适用于粗略的作图。

（四）序列标签位点作图

限制性作图、克隆重叠群构建和指纹作图对大基因组仍存在适用性的问题，而荧光原位杂交操作烦琐、技术不容易掌握、资料积累较慢，为了绘制详细准确的物理图，有必要使用更为有效的技术。序列标签位点（STS）是基因组的单拷贝序列，因为序列已知，是用于基因组物理图绘制的优质分子标记，因此对于包括人类基因组在内的大型基因组的物理作图使用的主流技术为 STS 作图。而 STS 作图的核心技术是辐射杂种作图。

辐射杂种是含有另一种生物染色体片段的啮齿类细胞。20 世纪 70 年代，GossS.J. 和 HarrisH. 发现将人体细胞暴露在不同剂量的 X 射线中可引起染色体随机断裂，产生的染色体片段的大小依赖于辐射的 X 射线的剂量。将经过强辐射处理的人体细胞立即与未辐射的啮齿类动物细胞融合，有些人体细胞染色体片段将会整合到啮齿类动物染色体中，因此又称为辐射与融合基因转移（IFGT）。由此获得的一系列随机插入了人类染色体片段的杂种细胞的集合体称为辐射杂种群。

辐射杂种作图是使用辐射杂种群作为作图试剂，从杂种细胞分离 DNA，用 PCR 检测杂种细胞中含有的 STS 标记，根据两个 STS 标记同时出现在一个杂种细胞的频率，判断这两个标记是否连锁以及连锁程度，并以此为依据为基因组内的 STS 标记绘制物理图谱的过程。这是基于一种染色体随机断裂后两个 STS 标记同时出现在一起的概率事件来推算 STS 标记间的连锁关系，两个 STS 标记之间距离越远，则染色体发生断裂的可能性就越高，经过随机整合，它们同时出现的概率就越低。这在一定程度上模拟了减数分裂遗传重组的过程，因此用来快速计算基因间连锁关系更为便捷、迅速。为完成单一染色体的辐射杂种作图所需的杂种数量为 100 ~ 200 个。

辐射杂种的作图单位是厘镭（cR），定义为暴露在 Nrad X 射线剂量（N 代表具体辐射剂量）下两个分子标记之间发生 1% 断裂的概率。两个标记出现在同一个杂种细胞的比率与二者之间的连锁关系成正比。

辐射杂种作图的主要原理：基因组中 STS 标记都含有唯一的序列组成，且在染色体上的位置是确定的；位于染色体上相邻排列的 STS 在外力作用下发生 DNA 断裂时，两个不同的 STS 标记在同一片段同时出现的概率取决于它们在基因组中的相对位置，位置靠近的 STS 标记有更多的机会同时出现在同一个杂种细胞中。相反，相距较远的 STS 标记同时出现在同一个杂种细胞的概率就会下降。因此，根据 DNA 随机断裂后 STS 标记同时出现的概率就可以对各个 STS 标记在基因组的连锁关系进行作图。

人类基因组辐射杂种作图最初采用的是来自单一染色体的辐射杂种细胞而非整个基因组，因为单条染色体作图所用的杂种数量要比全基因组少得多。现在已能用 100 个以内全基因组辐射杂种群进行物理作图。根据不同的辐射剂量，可以获得分辨率不同的辐射杂种图，人类全基因组辐射杂种群 Genebridge4（G4）采用了 3000 rad 辐射剂量获得了较低分辨率的 93 个人体 DNA 杂种系，获得片段大小平均约 10 Mb；而 G3 辐射杂种群则采用了 10000 rad 辐射剂量，获得较低分辨率的 83 个杂种系，片段大小平均约 4 Mb；Schwartz D.C. 等（1993）采用 G3 辐射杂种群，使用了 30000 个分子标记，绘制了一份平均密度达到 80 kb 的人类辐射杂种图。

辐射杂种作图是完成人类全基因组测序和序列组装的重要基石。辐射杂种作图的分辨率可达到 50kb，远高于荧光原位杂交的分辨率（1 Mb），而且辐射杂种作图直接以染色体区段为作图试剂，可信度更高。因此，全基因组辐射杂种作图在人类基因组计划的物理图绘制中占有核心地位，是人类基因组计划的核心内容之一。

72

三、人类基因组整合图

基因组遗传图和物理图针对的对象都是基因组或染色体，但在绘制过程中使用的原理不同，分子标记也有所差异，因此有必要对二者进行整合、彼此衔接，将来源不同的分子标记归并在一张整合图上，提高基因组整合图的分子标记密度，以利于下一步基因组的测序和序列组装。

人类基因组物理图绘制晚于遗传图。1993 年采用 STS 筛选法及其他指纹技术产生了第一份基于克隆的重叠群物理图，由 33000 个 YAC 组成。YAC 克隆的插入片段平均为 0.9 Mb，因为有不少 YAC 克隆含有 2 个或多个嵌合的 DNA 片段，导致基因组中一些原来分散的 DNA 片段大范围错位。为解决这一问题，美国麻省理工学院基因组研究中心的研究所采用辐射杂种作图方法进行 STS 标记作图，并对 YAC 物理图进行校正。最早（1995年）成功地将 6193 个基因组位点和 5264 个遗传位点进行了整合，绘制了一份含有 15086 个 STS 标签的人类基因组物理图。后来，又在 STS 数目进一步增加的同时使用了表达序列标签（EST）和蛋白质编码基因，到 1998 年在已有的人类基因组物理图谱基础上，采用了 30181 个人类基因 cDNA 作为标记，绘制了一份密度更高的辐射杂种物理图谱，标记的平均密度约为 75 kb。

20 世纪 90 年代末，另一份以 BAC 克隆为基础的物理图绘制也开展起来，该方法采用指纹作图法将人类基因组约 15 个单倍体的 283287 个 BAC 克隆组建成 7133 个集群，同时利用 13695 个分子标记将 96283 个不同的 BAC 克隆锚定到基因组连锁图上，到 2001 年基于 BAC 克隆群的物理图谱已经公布。进一步再利用 BAC 作为探针，采用荧光原位杂交将这些 BAC 克隆定位到染色体的细胞遗传图上。这样使不同的克隆集群与已公布的遗传图、辐射杂种物理图和细胞图完全衔接到一起，标志着一幅足以指导基因组测序与序列组装的基因组整合图的完成。

四、全基因组测序

在构建包含大分子 DNA 片段的重叠克隆群（包括 YAC 和 BAC），并绘制高精度物理图谱之后，下一步的工作就是进行基因组测序。由于每个克隆的 DNA 都很长，多达数十万个碱基对，而使用双脱氧末端终止法进行测序的每个反应仅能测 1000 个左右的碱基对。因此，有必要进行测序的策略选择，目前可以归结为以下两种。

（一）作图测序

利用现有的遗传图谱和物理图谱的结果，分别对每个大分子 DNA 克隆内部进行测序与序列组装，然后将彼此相连排列的大分子克隆按次序搭建支架，最后以分子标记为向导将搭建好的支架逐个锚定到基因组整合图上。这种测序策略称为作图测序，或者称为克隆依次测序。

具体的做法：根据已知的物理图，挑取待测的克隆（BAC 或者 YAC），提取并纯化DNA，然后用机械法（超声波）随机断裂制备小分子 DNA 片段，进行分离电泳分离，收集 2 kb 大小的 DNA 片段，连接到质粒载体中进行克隆，并对产生的符合条件的所有随机克隆从两侧开始测序。对所有克隆测序完成后，使用软件进行初筛，然后依据不同克隆间出现序列的重叠使用软件进行序列组装。为了保证测序的覆盖率，全部测序的总长度应不低于 3 个单倍体的基因组。

作图测序法需要遗传图和物理图做支撑，相对来说，所花时间较长，所需人力较多。20 世纪 90 年代，很多生物基因组的测序和序列组装采取的是作图测序法，例如大肠杆菌、酵母和线虫基因组的测序等都是先构建遗传图和物理图，然后完成自上而下的测序和组装。国际人类基因组计划测序中心就是通过作图法开展测序的，它将所有的 BAC 克隆作出完整的物理图谱，然后将测序工作分配给 6 个参与国家，我国所参与的测序任务是第 3号染色体端部，占全部测序计划的 1% 左右。

（二）全基因组鸟枪法测序

除了作图测序法，另一种测序策略是全基因组鸟枪法，该法在不具备遗传图和物理图的前提下也可以进行，将整个基因组 DNA 断成小片段后将其克隆到质粒载体中，然后随机挑取克隆对插入片段进行测序，并以一个序列为中心对获得的测序结果进行重叠群构建。

在此基础上进一步搭建序列支架，最后以分子标记为向导将序列支架锚定到基因组整合图上，这种测序方法称为全基因组随机测序，或者称为全基因组鸟枪法测序。全基因组鸟枪法在基因组测序开始时就已经提出了，但它的实施不仅对测序自动化的要求更高，还需要具备更强运算能力的计算机参与，因此，此法曾经被认为不可行。

到了 20 世纪 90 年代中期，随着大规模自动化测序技术的问世和超级计算机的诞生，人们将这种测序方法付诸实践。全基因组鸟枪法测序的最大优势在于快速和自动化，尤其对于没有物理图和遗传图背景的物种来说是个捷径。1995 年，使用全基因组鸟枪法首次完成了流感嗜血杆菌的全基因组测序，该法在短时间内在大量的微生物基因组测序中被广泛应用，此后，全基因组鸟枪法被推广到多数生物，包括果蝇、人类、小鼠和水稻等大型基因组的测序。然而，全基因组鸟枪法测序也有局限性。例如：当基因组过大时，序列组装的初期工作量非常大；对于基因组中存在的重复序列容易漏掉，水稻全基因组测序时留下了 13 万个间隙。

无论使用哪种方法测序都会面对的不可回避的问题：基因组中大量重复序列的存在会导致相关区段测序不准确；另外，在基因组作图过程中还会出现测序"间隙"，此种情况在采用全基因组鸟枪法测序过程中更加明显，如果测序过程导致遗传信息漏掉，那将会导致基因组计划的不完善。水稻基因组计划最初就是采用全基因组鸟枪法开展的，但全基因组测序完成后保留了 13000 个间隙未能填补，因此这一方法未能给出完整的全基因组序列。因而，尽管全基因组鸟枪法测序的效率更高，但完成之前的组装和间隙填补变得十分困难，因此并不能完全取代作图测序。

2001 年 2 月，由国际人类基因组计划测序中心分别在《Nature》和《Science》期刊上发表两份基于物理图法与鸟枪法的人类基因组序列草图，标志着人类基因计划的里程碑式的发展。此后，人类基因组计划组织分别检测了草图序列中的各个间隙，结果发现人类基因组草图序列有多处遗漏，涉及 3800 万个碱基，因此，国际人类基因组计划测序中心又进行了大量纠错补缺的工作。2003 年由中、美、日、英、法、德六国科学家联合宣布：人类基因组序列图完成。全部基因组序列共包含 28.5 亿个核苷酸，它近乎完整，涵盖了 99% 以上的常染色质基因组序列，准确率为 99.999%，由于重复序列的存在，常染色质基因组序列中仍存在 341 个空缺未能完成。

人类基因组数据显示基因组并非是紧凑的，蛋白质编码序列仅占 1.5% 左右，除此以外，与蛋白质表达调控相关的序列也不超过 25%；含有大量的间隔序列，其中占基因组近 45% 的是中度重复序列，可能来源于病毒转座子的插入和扩散；非转座的重复序列，其中 STR 等是可作为遗传标记使用的序列；此外，还有一小部分为非蛋白编码的单一序列。关于这些序列的进化来源以及它们在基因组进化中的功能有待进一步研究。

第四节 基因组学的应用分析

一、QTL 图位克隆

作物的许多重要农艺性状（如产量、品质、抗性等）都是数量性状，由多个基因控制，表现为连续变异，且易受环境影响，相对于由单基因控制的质量性状而言，其遗传基础更为复杂，克隆数量性状位点（QTL）一直进展缓慢。基因组学原理和方法的建立为人们进行数量性状基因定位和克隆提供了强有力的手段。

图位克隆是进行 QTL 克隆的一种常见方法，从"遗传图"向"物理图"的转换以及"确定候选基因"一直以来是图位克隆的限速步骤。借助饱和的基因组图谱，可以使 QTL 定位在精度、深度、广度等方面有极大的提高，甚至在某一关键区域内可以直接预测出候选基因，从而极大地简化原本漫长而乏味的图位克隆过程。目前，人类、小鼠、斑马鱼、线虫、家蚕、果蝇、水稻、拟南芥等均可获得全面的高分辨率的遗传图谱和物理图谱，这些图谱在大基因组片段上整合了各种各样的分子标记，包括 SNP、SSR、STS、EST 等，这就使得许多重要基因能够快速并且精确定位至某一关键区域。

随着各种生物基因组数据的迅速增长以及基因组学技术与方法的不断完善，分离和鉴定复杂数量性状基因正在变得越来越容易。

二、作物分子育种

（一）分子标记辅助选择

选择是育种工作最为重要的环节之一。传统育种基本上是通过表现型推测基因型进行间接选择，这种针对表现型的间接选择存在周期长、效率低、预见性差等缺点，因此传统育种在很大程度上仍然依靠育种者的经验。DNA 标记技术使我们有可能直接对基因型进行选择，如果目标基因与某个 DNA 标记紧密连锁，或者 DNA 标记直接标记目标基因本身，那么通过 DNA 标记检测，就能直接获知目标基因的基因型，这种利用 DNA 标记对目标性状的基因型进行直接选择的育种方法称为分子标记辅助选择（MAS）。MAS 技术可以明显缩短育种年限，提高育种效率。

用分子标记对整个基因组进行选择，只需 3 代即能完全恢复成轮回亲本的基因型，而采用传统的回交育种方法则需要 6 代以上；同时，利用高密度的分子标记连锁图只需两个回交世代（BC1 和 BC2）就能基本消除连锁累赘，而采用传统育种的方法，至少需要 100 代才能达到。

（二）全基因组选择策略

近年来，随着水稻、玉米、小麦等主要农作物基因组学技术平台和基因组数据库不断完善，人们已经有可能在基因组水平上直接对基因型进行选择。全基因组选择策略（GWS）就是在对物种全基因组序列分析的基础上，通过大规模开发分子标记，构建高密度遗传连锁图谱，精细定位重要性状基因，并利用全基因组分子标记指导育种过程，实现优良性状基因的精确导入和高效聚合，快速培育出集多个优良性状于一体的作物新品种，这种全基因组选择策略尤其适用于多基因控制的复杂数量性状的选择。

三、DNA 指纹鉴定

生物的不同个体或不同种群在基因组序列上存在着差异，这种个体间的 DNA 多态性同人的指纹一样是每个个体所特有的，因而被称为"DNA 指纹"。利用多态性较高的 DNA 标记组合，可以绘制出不同个体或种群的 DNA 指纹图谱，由于 DNA 指纹图谱具有高度的变异性和稳定的遗传性，且仍按简单的孟德尔方式遗传，因而被广泛用于亲子鉴定、案件的审理和侦破、农作物品种真实性和纯度鉴定、动植物遗传资源调查、遗传多样性分析、群体遗传结构分析等。利用人类小卫星 DNA 的多态性进行 DNA 指纹鉴定，此类小卫星 DNA 由 6 ~ 40 bp 的重复单元重复 6 ~ 100 次组成，又称为可变数目串联重复（VNTR），这是一种特殊的串联重复，多存在于染色体的端粒附近，但不同个体的 VNTR 数目和位置都不相同，所以用其小卫星 DNA 做探针获得的 Southern 杂交带谱就具有高度的个体特异性。

第四章　生物进化与群体遗传学

种群是生物进化的基本单位，生物进化的实质是群体遗传结构的变化，进化机制的研究属于群体遗传学的研究范畴，所以群体遗传学也是进化的理论基础。本章围绕生物进化及其取向、达尔文进化论及其修正、群体遗传学及其意义展开论述。

第一节　生物进化及其取向

一、生物进化中的物种

种或称物种，生物分类的基本单位，位于生物分类法中最后一级，在属之下。物种既是进化的单位，又是生态系统中的功能单位。不同时期、不同学科学者的物种概念存在较大差异，可根据是否考虑时间向度分为非时向种和时向种。如果分类对象不仅仅是现存的生物，也包括地质历史上生存过的生物，对生物进行分类的目的不仅仅限于识别、鉴定和命名，而是要追溯物种之间的历史联系，那么在确定物种概念和定义物种时，必须涉及时间尺度，就产生了时向种概念。时向种包括时间种和分支种，在古生物学的研究中常常用它。时间种是指一个物种在其生存时间（往往是以百万年计的长时间）内所包含的所有生物个体。我们一般接触的物种概念（如表型种、生殖种、生态学种等）都属于这一类。

当一个物种随着时间而进化改变，其后裔表型的进化改变达到可以明显区别于祖先时，就可以归属于一个新的时向种，生存时间长短与表型进化速率有关。

物种是由包括生殖、遗传、生态、行为、地理分布、通信系统等综合因素联系起来的个体集合，因而给物种一个在理论上严格的、实际应用上方便的定义是极其困难的。现代物种的定义应包含种群组成、生殖隔离、生态地位和宗谱分支四个方面的内容。

（一）物种的标准

物种不是单凭若干区分特征而划分的一种简单分类，各学科因识别和区分物种的依据不同而有若干不同的物种划分标准。

1. 形态学标准

因为绝大多数物种在形态特征上易于识别和区分，所以现代的大多数分类学家在分类实践中，仍然主要以表型特征作为识别和区分物种的依据（表型种）。这样做的优点是应用方便，缺点是理论依据不足。某些分类标准只能人为地决定，不同的人可以有不同的标准、不同的归类。因而实际上否认了物种存在的客观性。

2. 遗传学标准

根据遗传学的理论来认识物种，物种被定义为互交繁殖的群体，共有一个基因库。生殖隔离成为识别和区分物种的最重要的标准（生殖种）。然而，这种分类标准却有如下的矛盾和问题：

（1）应用有局限性。在实践中很难应用，因为在现实的分类工作中，很少有必要进行生殖观察或杂交试验，有的也没有这个条件。例如，某两种植物因为花期不遇或分布在不同地域，很难验证它们之间是否真正在生殖上已隔离。又如，对标本或化石的鉴定情况更是如此。所以，分类学仍然主要依靠形态特征而不是靠生殖隔离的检测来区分物种。

（2）对无性生殖的生物不适用。对于无性生殖的生物而言，生殖隔离存在于个体之间，存在于无性繁殖系或克隆之间，因而生殖隔离不能作为区分物种的标准。例如，对于原核生物蓝细菌的分类，生殖种的概念完全不适用。

（3）生殖隔离并非区分物种的决定性指标。形态学上相差很大，完全异地分布的某些类群，尽管它们之间的杂种完全正常可育，仍将它们分为不同的物种。例如，美国东部的一球悬铃木和东地中海地区的三球悬铃木、中国梓树和美国梓树等。

现代的一些生物分类学家希望能将表型标准与生殖标准结合起来，以表型距离（形态差异程度）作为生殖隔离是否存在的指标，以解决理论概念与实际工作脱节的问题。在绝大多数情况下，两个群体之间生殖隔离存在的同时意味着它们之间的形态差异也很明显。

3. 生态学标准

从生态学观点来看，物种是生态系统中的功能单位，每个物种占有一个生态位，每一个物种在生态系统中都处于它所能达到的最佳适应状态，就像在适应场上占据一个适应峰。种间杂交所产生的中间型个体，其适应值降低（掉进适应谷），因而被自然选择所阻止。因此，每个物种在生态系统中都能保持其生态位，直至被别的物种竞争排挤，或因本身的进化改变而转移到新的生态位。如果一个物种的种内发生分异，占据多个生态位，从生态学角度而言，这意味着有新物种形成。

4. 生物地理学标准

不同物种的地理分布范围是不同的。有的分布区很广（世界种、广布种）；有的分布区很狭窄（特有种），有的过去分布广，后来变狭窄了（残遗种）等。每一物种都有自己的分布范围。因此，物种的地理分布也是区分物种的标准之一。

（二）物种的结构

同一物种个体间的差异叫作种内差异。与种间差异不同，种内差异经常是连续的，而种间差异则出现间断，但种间的差异又是从种内的差异发展来的。由个体组合为种群，由种群组合为亚种，由亚种组合为种。在亚种和种之间，有时也有中间性质的形态，如半种等。这样的组成称为物种的结构。

1. 个体

个体是物种组成中最基本的单位，物种由许多个体组成。同一种内的个体有性别、生长发育阶段的差异，有些还有群体分工（如蜜蜂、蚂蚁等）的不同，这是个体存在的不同形式。同时，由于遗传和环境的原因，同一物种内的个体间也存在着差异。

2. 种群

种群也叫居群，它是指生活在一定群落里的一群同种个体。种群是物种的基本结构单元。虽然同一个种的不同种群之间一般彼此分布不连续，但可以通过杂交、迁移等形式进行遗传上的相互交流，使物种成为一个统一的繁殖群体。种群之间由于不同的环境产生不同的生态型，当变异达到一定程度，就会产生亚种，甚至分裂为新种。

3. 亚种

种以下的分类单位还有亚种、变种、隐种、半种等。

亚种是种内个体在地理和生态上充分隔离后所形成的群体，它有一定的形态、生理、遗传特征，特别有不同的地理分布和不同的生态环境，所以也称"地理亚种"。这一概念一般多用于动物分类，在植物分类上比较少用。例如，我国的家蝇就有两个亚种：一个是西方亚种，其雄蝇两眼间距离较宽，分布在新疆和甘肃西部的某些地区；另一个是东方亚种，其雄蝇两眼间距离较窄，分布在我国其他广大地区。

根据物种有无亚种而区分为多型种（具亚种）和单型种（不具亚种）。与亚种同属于种以下分类单位的还有变种。变种与原种相比具有形态生理、遗传特征上的差异。但在分布上，同种的两个变种在地理上可能重叠。一般多用于植物的分类，在动物分类上比较少用。但变种有时也指未弄清楚地理分布的亚种，有时也指栽培品种，有时还指介于两个亚种之间的类型。

在亚种和种之间，有的还存在隐种的形态。隐种又称为姐妹种。姐妹种之间在外部形态上极为相似，但相互间又有完善的生殖隔离。初步观察对不同的姐妹种很难进行分辨，早期工作中也常将其误认为一个种。但仔细研究可以发现姐妹种在生理、习性、生态要求等方面也有不同，甚至形态上都可找出微细差异。例如：我国西北部的欧洲玉米螟与东部的亚洲玉米螟由于信息素的不同而具生殖隔离，但从外貌上几乎无法辨认，它们也属于姐妹种。

半种也是亚种和种之间的过渡形态。半种也谓之起始物种，半种与种之间在形态或行为上已有较明显的差别，地理分布一般也不相同，但尚未形成生殖隔离。这一概念由于不甚清晰，故在分类中应用并不常见。

现代遗传学对物种结构中各种等级单元，在遗传上的距离进行了定量的测定。这和在传统的物种结构研究中所揭示的生物类群的相互关系是一致的。这一工作为物种结构的研究开辟了新的方向。

（三）物种的形成

1. 物种形成的主要环节

（1）可遗传的变异是物种形成的原材料。基因突变和染色体畸变等遗传物质改变所造成的可遗传的变异为物种的形成提供了原材料。迄今为止，自然条件下的定向变异仍未得到遗传学上的证实，突变是随机发生的。这种随机突变在群体内积累储存，在外界条件的影响下，使群体发生分化。

（2）选择影响物种形成的方向。随机突变无方向性，而且大多对生物体有害，少数中性，极少数有利。这些突变多以隐性杂合状态存在于自然群体之中，当环境条件，包括无机的（如气候等）和生物的（如捕食对象、竞争者等）改变时，某些基因型会体现出某种优势，从而发生方向性选择。当这种选择不断地作用于群体时，群体的遗传组成就会发生变化。在大分布区边缘的小群体，或者群体迁移到一个新的生境时方向性选择的作用更突出，从而出现适应新环境的生物类型。当然，还有其他因素，如遗传漂变等也影响物种形成的方向。

（3）隔离是物种形成的重要条件。物种的形成一般是通过隔离实现的，隔离是物种形成的一个极为重要的条件，因为只有隔离才能导致遗传物质交流的中断，使群体歧化不断加深，直至新种形成。另外，生物学上的隔离或者说生殖隔离，是随着物种的形成而获得的。因此，隔离（主要是环境隔离）既是物种形成的重要条件，又是物种形成的重要标志。

2. 物种形成的隔离机制

隔离，即广义的生殖隔离，是指在自然界中生物间彼此不能自由交配或交配后不能产生正常可育后代的现象。隔离机制十分复杂，以繁殖的阶段性来划分，可分为合子前的隔离和合子后的隔离。合子前的隔离也叫受精前隔离，是阻碍不同群体间成员的杂交，防止杂种合子的形成，多为环境、生态、行为等方面的原因。合子后的隔离也叫受精后隔离，即狭义的生殖隔离，是指有性生殖的生物彼此不能自由交配或可以交配但后代不育，是生物防止杂交的生物学特性和机制，一般是由遗传的或生理的原因造成的。

（1）受精前的隔离机制。发生在受精前的隔离机制主要包括以下几种情况：

1）地理（空间）隔离。对于多数陆地生物而言，高山、大海、沙漠、河流、湖泊、峡谷等能构成阻隔；而对于水生生物而言，陆地、不同温度、不同盐度的水体等都能形成阻隔。不仅是地理因素，同一地理环境的不同空间范围，如一座高山的不同高度、一个湖泊的不同水层，甚至同一高度的不同坡面，也阻止了两个群体之间的个体交配，往往导致形成亚种，是物种形成的第一步。地理（空间）隔离在物种形成中起着促进性状分歧的作用。分歧的程度与隔离时间的长短有一定的相关性，它往往是生殖隔离必要的先决条件。

2）季节隔离。生物一般都有一定的生殖季节，如动物的发情期和交配季节、植物的开花时节等。不同物种虽生活在同一地点，但由于繁殖季节不同而不能杂交。

3）机械（形态）隔离。机械隔离指的是生殖器或花器在形态上的差异而出现的隔离。在动物界许多不同种的昆虫外形相似，生殖器有区别，不能交配受精；在植物界某些花的柱头形态上不同，也可造成隔离。如长距耧斗菜的结构仅适于由天蛾传粉，台湾耧斗菜的结构仅适于由蜂鸟传粉，故此两种植物在自然条件下不发生杂交，但人工授精能产生可育的杂种。

4）性别（行为）隔离。不同物种的雌雄性别间，相互吸引力微弱或缺乏而造成的隔离。性别隔离往往与行为隔离联系密切，因为两个隔离的群体在行为上的不同主要表现在交配行为（交配习性上）。

5）配子或配子体隔离。一个物种的精子或花粉管不能被吸引到达卵或胚珠内，或者它在另一个物种的生殖器内不易存活所产生的隔离。对于体外受精来讲，也意味着配子彼此不吸引、不亲和所产生的隔离。在行体内受精的动物中，精子进入体内后需要适宜的环境才能保持其活性和卵子相遇受精。从鸟类人工授精的实验知道，异种的精子进入雌性体内不能存活。在植物中，不同物种的花粉到达柱头，大半不能萌芽；或即使能够萌发，花粉管生长也很缓慢，低于同一物种花粉管的生长速度；或因花粉管长度不够等，结果都不能实现受精。

（2）受精后的隔离机制。发生在受精后的隔离机制主要包括以下几种情况：

1）杂种不活。杂种合子不能存活，或者在适应性上比亲本差而产生的隔离杂种的生活力很低，往往不能成活。杂种合子的生命，在任何阶段都可以突然停止。鱼的卵可能被不同种、不同属，甚至不同科的精子受精，然而在此后合子的发育过程中可能发生多种扰乱，从卵裂时染色体的排除，囊胚或器官形成的停止，直到胚胎在晚期发育阶段的死亡。山羊和绵羊的杂种，在胚胎早期生长正常，但很多在出生前死去。将一些不同种的植物进行人工的远缘杂交，杂种往往死于幼胚时期，但如果将幼胚取出进行试管培养，可以获得杂种。

2）杂种不育。杂种虽然能生存，但不能产生具有正常功能的性细胞。要使种间能够交流基因，还要求杂种是能育的。杂种如果不能产生后代，其结果是基因还是不能进行交换。杂种不育的原因与亲本基因型间的特殊不协调有关，这种基因型不协调可以表现在性

81

腺发育阶段，减数分裂期间，或在此之后的配子体或配子发育时期。

3）杂种体败坏。子二代或回交杂种的全部或部分不能存活或适应性低劣。种间基因交换的最后一道障碍发生在F2产生之后的阶段。例如：树棉与草棉之间的F1杂种是健壮和可育的，在亲本种的种植区域内常有出现，但F2个体则很少见。造成杂种分离后代衰败既有基因水平上的原因，也有染色体水平上的原因。F1杂种有两个完整的单倍体基因组，能够共同维持正常的发育和育性，由于分离和重组，绝大多数F2中所含的已是不平衡的基因组，故不能维持正常的发育。

上述各种类型的隔离，从实质上看都是阻碍不同物种间基因的交流，即自然条件下的生殖隔离。按照物种形成的一般模式，最初从地理（空间）隔离、生态（生境）隔离到遗传分化，再从遗传分化到合子后隔离，再由合子后隔离发展到时间（季节）隔离、性别（行为）隔离、机械（形态）隔离等合子前隔离。一般来讲两个物种之间往往存在不止一种形式的隔离，而是多种隔离方式同时存在。

形态差异与生殖隔离具有相对独立性。从各种生物类型形态发展的总趋势来看，形态差异越大，遗传差异也越大，生殖隔离的程度也就越大。然而有时形态差异的程度与生殖隔离的程度无关。例如：植物中的某些属，有些种之间形态差异很大但仍可以相互杂交，有的差异很小却不能杂交。另外，生殖隔离与遗传距离同样也具有相对独立性，即遗传距离大的物种之前并不意味着一定有很强的生殖隔离。例如：有的种之间的遗传距离达0.3（相当于独立进化了150万年），却还未形成生殖隔离；而有的物种之间的遗传距离只有0.05（相当于独立进化了25万年），却已经形成了完全的生殖隔离。

3. 物种形成的基本方式

现代生物学在物种形成研究中所涉及的对象主要是有性生殖的真核生物。无性生殖的生物，特别是对原核生物种形成的研究很少，原因是对于无性生殖生物的物种概念和物种的区分标准，学者们还没有达成一致意见。所以，这里主要介绍有性生殖生物的物种形成方式。

在生物进化中一旦出现新种，就标志着群体间生殖、变异的连续性出现间断。以种形成所需的时间和中间阶段的有无，可分为渐进式物种形成和骤变式物种形成两种最基本的物种形成方式。渐进式物种形成一般是由环境因素引起不同群体间基因交流的中断，通过若干中间阶段，最后达到种群间完全的生殖隔离和新种形成。骤变式物种形成一般是种群内少数个体因遗传机制或（和）随机因素（如显著的突变、遗传漂变等）而相对快速地获得生殖隔离，一般不经过亚种阶段而直接形成新种。

（1）渐进式物种形成。这一物种形成方式是缓慢的，同时具备较完整的中间过程，是达尔文认为的物种形成的主要方式。如果根据物种形成的地理特性，这一过程包含几种不同的演化途径：异地种形成、邻地种形成和同地种形成。

1）异地种形成。如果两个初始种群在新种形成前（生殖隔离获得之前），其地理分布区是完全隔开、互不重叠的，这种情况下的种形成被称为异地种形成，完整称呼是"分布区不重叠的种形成"。异地种形成的过程是最初由祖先种，一般是一个广布种，在其分布区内，因地理的或其他隔离因素而被分隔为若干相互隔离的种群，分布在不同的地理区域内。因种群之间基因交流大大减少或完全中断，随后这些不同分布的群体由于环境条件的差异，经过自然选择产生不同的适应性进化，基因和基因频率定向地发生变化，于是形成了不同的亚种。亚种之间的性状分歧发展到隔离后即便再相遇也不能有基因交流时，便产生了生殖隔离，新的物种也形成了。一旦生殖隔离完成，新种的分布区即使再重叠（环境隔离因素消失），也不会再融合为一个种。

例如，在加拉帕戈斯群岛的达尔文芬雀就是异地种形成的一个很好例证。加拉帕戈斯群岛多数岛都有几种达尔文芬雀，这些芬雀的祖先都是偶然的原因从南美洲大陆迁来分布到各个岛上。岛与岛之间的距离和湍急的洋流，基本上隔绝了芬雀祖先之间的来往。每个岛上的食物和栖息条件不同，这种鸣禽在不同岛上逐渐分化，最终形成不同的物种群体，然而也偶然有机会重新回到原来的岛上繁殖。这样经过多次侵入，即便是在同一岛上的芬雀，由于在分布不重叠期间就已产生了生殖隔离，也失去了基因交流的可能。而在距离960千米外的科科斯岛上，同样由从南美洲大陆迁来的芬雀祖先却只进化出一种，这与其周围无其他岛屿、缺乏扩增机会不无关系。而这也就解释了为什么一个群岛中的每个岛时常有几个近缘种，而一个遥远的、类似大小的岛屿上只有一个种的现象。这些岛上的其他物种，如植物、爬行类等也有类似的情况。

2）邻地种形成。如果在种形成过程中，初始种群的地理分布区相邻接（不完全隔开），种群间个体在边界区有某种程度的基因交流，这种情况下的种形成被称为邻地种形成。邻地种形成的过程与异地种物种形成过程大致相同，不同之处在于，在初始种群分布的邻接地区，种群间有一定程度的基因交流。但由于初始种群分布的中心区之间基因交流很弱，种群间的遗传差异会随时间推移而增大，种形成过程可能更慢。

3）同地种形成。如果在两个种形成过程中，初始种群的地理分布区相重叠，没有地理上的隔离，即形成新种的个体与原种其他个体分布在同一地域，称为同地种形成。一般生态、行为上的歧化选择可形成所谓生态或行为的隔离，可以使同一地理分布区的种群间分化，产生新种。如果考虑时间向度，特别是从系统学的观点来研究物种的形成，那么物种的形成还可分为：①继承式物种形成。继承式物种形成指一个种在同一地区逐渐演变成另一个种（其数目不增加）。这种物种形成方式，因为时间很长，所以无法见到，但有关古生物学的研究为此提供了不少证据。②分化式物种形成。分化式物种形成指一个物种在其分布范围内逐渐分化成两个以上的物种。一般认为分化式物种形成是一个种在其分布范围内，由地理隔离或生态隔离逐渐分化而形成两个或多个新种。其方式包括两种类型：一

83

种是居住在不同地区分化成地理亚种，由此发展成新种；另一种是居住在同一地区内分化成不同的生态亚种，并由此发展成新种。前种类型如猪蛔虫和人体蛔虫，它们在形态上没有区别，应该是同源的。可是如果互换寄主，都不能生存。可见它们已经形成两个不同的亚种。

（2）骤变式物种形成。进化并非总是匀速的，缓慢、渐变的进化，快速、跳跃式的进化称为量子进化。骤变式物种形成的机制有多种，主要有以下几种途径：

第一，通过遗传系统中特殊的遗传机制。一些基因水平的进化研究揭示了DNA上极小的变化能够引发不同的进化事件，仅仅一个遗传上的变异就可以将一个物种变成多个物种。例如，转座子在同种或异种个体之间的转移，个体发育调控基因的突变等。

第二，通过染色体畸变。通过连续固定（累积）多重染色体畸变（相互易位和倒位），使畸变纯合体的育性仅有轻微降低，而杂合体则基本不育，从而形成生殖隔离。

第三，通过杂交形成新物种。杂交现象在自然界中极为广泛。如在700种以上的山楂中，大部分是经杂交形成；在柳树和蔷薇中也有许多杂交种。

第四，通过多倍化形成新物种。多倍体种一般是由两个原始亲本间的杂种因染色体组的加倍所致。加倍后形成的异源多倍体因含原始亲本的各两套染色体组，谓之双二倍体，自身育性恢复，但与原始亲本生殖隔离而成为新种。多倍体物种形成方式虽然主要存在于植物界。近年来，在低等脊椎动物中，尤其是鱼类、两栖类中也发现了多种类型的多倍体。

第五，通过随机因素和环境隔离因素。在有一定程度环境隔离的小种群中，由于遗传漂变和自然选择的效应，比较容易发生遗传组成上快速偏离母种群，发展为新的物种，这就是所谓的"奠基者原理"。这些偏离的种群可能会在繁衍后代中取胜，因为在这里基因流将比在大群体中更加强大。在进化瓶颈中，一小部分群体成功地孕育了后代，这种情况在人类历史上发生过许多次，例如大多数欧洲人都是生存于进化瓶颈期的几百个古人的后代。

第六，人类活动的影响。如猎取象牙行为促进了非洲和亚洲部分地区无牙大象增多，抗生素和杀虫剂使细菌和昆虫加快了抗药性的进化。

一般而言，量子种形成过程时间短、进化快，然而快速的物种形成并不一定必须通过大突变。隔离因素加上强的分异选择或定向选择就有可能造成物种的快速形成。例如：加拉帕戈斯群岛达尔文芬雀的快速进化分异，根据某些学者的观察和计算，中体形的强壮芬雀，在强的定向选择压力（平均每10年发生一次干旱）下，新种的形成只需约200年。在这种情况下，尽管种形成速率很快，但物种进化过程是渐变的而不是跳跃的。

4.物种形成的重要意义

物种形成是生物对不同生存环境适应的结果。环境随时间的变化导致生物的适应进化，环境在空间上的异质性导致生物的分异（性状分歧），分异的结果是产生不同类型的生物，即物种的形成。不同的物种适应不同的局部环境，不能设想有能够适应各种不同环境的一种生物。各种生物在进化过程中不断分化、歧异，产生更多的物种意味着生物能够占领更多的生存环境，生物的不连续性是生物对环境的不连续性（异质性）的适应对策。

物种形成为新生物类型提供新的进化起点。例如：单细胞生物的发展为多细胞生物的形成打下基础；水生生物的发展为陆生生物的进化开辟了道路；有花植物的出现，为昆虫的繁荣创造了条件；而昆虫的出现，则是食虫鸟类形成的前奏；这些鸟类的出现又促进了新的猎食兽类和寄生生物的进化；如此等等。

物种是生物进化的基本单位，也是生态系统中的功能单位。物种的更替（物种形成和绝灭）和种间生态关系的改变，推动整个生物界的进化；同时，物种是生态系统中物质与能量转移和转换的环节，是维持生态系统能流、物流和信息流的关键。物种的形成是生物进化的主要标志，物种起源问题是进化生物学的核心问题之一。从进化的观点来看，物种是不断进化的，是在进化的过程中形成的，因此要应用进化理论才能真正认识物种，真正认识生物的多样性。

物种是生命的主要存在形式，生物以物种的形式存在具有重要意义。物种的分异是生物对不同生存环境的适应，通过种间的生殖隔离加固遗传的稳定性。

二、生物进化的复杂性

在生命约 38 亿年的进化历程中，生物的生物学进化也表现出极其丰富的内容，它既表现出垂直进化的结构复杂性的增进趋势，又表现出物种分支进化的多样性增长变化；既不能忽视环境演变对生物的压力导致生物对环境的适应，又不能不重视生物面对环境压力而改变自己内在的能力；既要考虑生物进化速度的快慢，又要考虑进化速度对生物生存的影响等因素，这些问题都表现出生物进化问题的复杂性。

生物从单细胞生物进化到多细胞生物在占有优势的时间分配上是不均匀的，单细胞生物占优势时期约为生命史的 $4/5$，而多细胞生物占优势时期约为生命史的 $1/5$。在多细胞生物进化时期，生物结构与功能迅速革新，生物物种多样性急剧增加，生态系统迅速扩张并覆盖全球，这些事实说明生物进化的速率是非线性的。

在生物进化中，人们发现了令人费解的生物进化中的大爆发和集群绝灭现象，大爆发现象是指阶段性地出现物种或物种以上分类等级生物类群落快速大幅度辐射发生的现象。

现在已明确的发生在显生宙（多细胞生物诞生后）的重要的进化大爆发有：在大约 6.5 亿年前震旦纪（如中国陡山沱），不同类群的原叶植物体在地层中大量出现，它们是包括叶藻在内的真红藻目、紫菜目等多种形态结构上不同的多细胞植物。在大约 5.7 亿年前，前寒武纪澳大利亚伊迪卡拉动物群骤然出现，引人注目的是它们的结构和体制和现代生存的所有动物都显著不同，不能纳入现在生存的动物分类系统之中。它们是一群无硬骨骼、形态奇特的多样化的动物群，生命史上最著名的一次生物大爆发现象发生在寒武纪，即寒武纪动物大爆发，这次动物物种的快速辐射发生在大约5.3亿年前的寒武纪早期到中期（化石发现于加拿大布尔吉斯页岩、中国澄江等地）。令人惊叹的是现代的所有动物门类，以及历史上已绝灭的多种门类动物的化石几乎都突然地同时出现在这一地层之中，寒武纪以后，生物还发生过多次大大小小的物种快速辐射现象，重要的有奥陶纪末鱼类的辐射发生、第三纪早期哺乳动物的辐射发生，与生物物种大爆发现象相对应的是生物物种快速地多次大幅度绝灭。

在分析生物进化中的大爆发和集群绝灭现象时，人们注意到两者表现出了一定的相互更替的特征，即生物在每次大的绝灭之后往往会跟随一次大辐射进化的到来。例如：元古宙晚期至末期，蓝细菌迅速衰落之后，多细胞生物迅速繁荣；奥陶纪末无脊椎动物中的三叶虫、笔石、腕足动物和苔藓虫共一百多个科的动物绝灭后，鱼类等脊椎动物辐射发生；白垩纪晚期恐龙大绝灭后，第三纪早期哺乳动物辐射发生，似乎生物的群集绝灭，首先造成了短时间里生物物种在高级分类单元范围中的"大面积"消失，导致地球生物圈多样性显著降低，继之生物发生新物种的快速辐射，又出现了生物圈物种的构成重建，这一现象提示人们生物的历史演进具有物种规模发生的"不连续性"和它们之间更替发生的相关性。纵观整个生命的发展史，生物物种的这种历史性周期演变不是一种简单的物种循环更替过程，生命在这一周期的演变过程中表现出明显的进化层次上的跃迁，说明进化是一个不可逆转的过程。

地球生命史中最重要的进化事件及其发生的环境是了解生物进化机理的基本素材，地球生命史所表现出来的生物由简单到复杂、由低级到高级的进化阶段性，整体体现了物种的可变性、系谱化以及由此而表现出来的结构复杂化和物种多样化的增长趋势。另外，生物进化各阶段的时间分配的不均匀性和阶段性地出现物种大爆发、集群绝灭和不可逆性都表现了生物进化的复杂性，这些问题都涉及生物进化的动力、方向和速度等机理问题。这些问题的解决，只能借助于对生物科学及其相关学科的深入研究和不断扩展，只有这样才能勾画出越来越详细的、越来越接近真实生命史的生物进化理论。

三、生物进化的趋向

（一）进化的必然方向

所谓进化的必然方向，是指生物进化必然趋向某个方向演变发展。生物不管如何演变，必须适应环境，适者生存的自然法则是不能违反的。生物必须向适应环境的方向进化，从适应一种环境，演变为适应另一种环境，或适应更复杂更广阔的新环境。或者，如果要适应相同的环境又要有所进化，演变就必须表现为在相同的环境中的生态选择有所不同。生物演变离不开用不同的形态结构所能发挥的功能去适应不同的环境或相同的环境，只有这样进化才有可能发生。以适应多样性环境为中心的演变，是进化不能偏离的方向。

人工选择之所以有效，就是利用适者生存的自然法则生产出人们所需的生物品种。这也证明了生物进化不但有方向，而且是可控的。进化方向可控，并不等于进化也是可控的。进化是否发生与人工选择无关，由生物自身的变异与遗传决定。但进化有一定的趋向，向某一确定的方向演变。进化是前进性的运动，进化总是推陈出新的，进化是不可逆转的，进化总是由低级到高级、由简单到复杂、由少样到多样的。这些都说明，生物进化是有方向的，会朝着某些确定不变的方向演变发展。

如果把进化看成没有方向的、完全随机的，就否定了进化是前进性运动的普遍原则，也否定了进化是由低级到高级、由简单到复杂、由少样到多样发展的规律。这样的生物进化观点是不可取的，不能成立的。承认进化没有方向的观点，等于只承认生物演变的事实，不承认生物进化是有规律的前进性运动的事实，等于只承认生物有变化而没有进化，也就否定了生物进化。

达尔文用自然选择解释生物进化，得到了自然选择决定生物进化方向的结论。近代遗传学也认为，基因的突变是不定向的，只有（自然）选择作用是定向的，也支持了自然选择决定生物进化方向的结论。但事实上生物进化方向不是自然选择单方面可以决定的，自然选择不能单方面决定生物进化的方向。人们怀疑自然选择的真实作用，也就怀疑自然选择可以决定进化方向的结论。鉴于生物演变来源于变异与遗传，而变异是随机的，自然选择只能在生物演变的基础上进行筛选，突变与遗传的随机性对进化方向必然起作用，这就支持了生物进化不可能有完全确定的方向的观点。

生命力的发展面临的不单是要适应新的无机环境，还要适应新的有机环境。无机环境和有机环境也不会一成不变，无机环境的变化相对缓慢，有机环境的变化不但会愈来愈快，而且会愈来愈广泛。每当出现新物种，就会带来有机环境的变迁，进而对无机环境也会带来影响。在进化过程中，生物种类愈来愈多，有机环境的变化速度和范围与日俱增，对无机环境的影响也愈来愈明显。生物进化就在自身演变带来的无机和有机环境的变迁中进行。生物进化面临的都是新环境，生物演变必须适应新环境。

生物进化不但改造了自己，也改造了环境，对生物进化带来的影响是深刻的，也是没有止境的，这给生物进化带来广阔的前景。进化的生物适应了新的环境，但进化又带来了新的环境变迁，会造成新的不适应，从而促进了下一阶段的进化。进化就朝着生物自身演变造成环境变迁带来的生命力发展的方向不断前进。

例如：猫抓老鼠的"游戏"，是生物在自身生命力向前发展的基础上进化的一个缩影。为躲避猫的追捕，老鼠演变出夜出的习性。老鼠的演变改变了自己的适应性，生命力向前发展了一步。老鼠的演变也改变了猫的生存环境，面对新环境，猫如果不演变，适应力就会下降，生命力也会下降。猫演变出能随光线明暗而改变的瞳孔，可以在夜间捕鼠，这就改变了适应性，生命力也随之向前发展，保持了猫抓老鼠的生态平衡。生存斗争的结果是生物不断演变，适应性不断变化，生命力也不断发展，生命力发展的方向就成了生物进化的必然方向。

（二）进化的偶然方向

所谓进化的偶然方向，是指生物进化向某个不确定的方向演变。既然生物必然朝着生命力发展的方向进化，进化就有了确定的方向，其他方向都服从这一方向、支持这一方向，不会服从别的方向或支持别的方向，更不会向不确定的方向演变，所谓进化向某个不确定的方向演变就不可能发生。如果没有向不确定方向的演变，进化也是不可能的。

进化不但有必然性，也有偶然性，这是进化的规律。其实，必然和偶然是相辅相成的，只是地位和作用不同罢了。必然中有偶然，偶然中有必然，是事物发展的普遍规律与现象。生物进化也有偶然性，有了偶然性才有进化发展的必然性。如果没有变异的偶然性，都是千篇一律、不折不扣的遗传，生命力不可能有发展，进化是不可能的。如果遗传是绝对的，没有任何改变，就没有变异可言，也不可能有进化。因此，必须承认变异的偶然性是产生进化必然性的基础。进化就是由无数变异偶然事件形成的，没有变异就不可能有进化。偶然性是变异的灵魂，也是进化的灵魂。

另外，因为有了偶然性，进化内容才会显得丰富多彩、充实饱满。生物进化的偶然现象表现为进化有不同的方式和途径，可以这样演变，也可以那样演变，可以通过这样的途径发展，也可以通过那样的途径发展，于是出现丰富多彩的物种多样性。

生物进化的偶然性与必然性给人的印象：偶然性是自由的、欢快的、多姿的、柔软的；必然性是严肃的、单调的、纯洁的、有力的。用自由、欢快、多姿、柔软和严肃、单调、纯洁、有力这样的词汇来分别形容进化的偶然性和必然性，并不是在感情上对偶然性与必然性有不同的偏爱，而是想说明它们有不同的特征、不同的作用。但目标是共同的，都是为了推动事物向某一既定目标发展。

在事物发展过程中，偶然性与必然性都是不可缺少的，难以判断孰轻孰重。不过，偶然性对事物发展来说所起作用是更基本的，从这个角度出发，有理由突出偶然性。就生物进化来说，因为有了变异的偶然性，才给自然选择带来可能性；因为存在环境多样性的不确定性，也才有选择自然的可能性。两种不确定性，即两种偶然性的存在，促成了生物的演变和发展并决定其方向。

突出偶然性，还有一个原因，就是目前自然科学的研究有一种倾向，比较重视发现规律性即必然性，甚至只分析必然性，不分析偶然性，忽视了偶然性的重要性。研究生物进化也容易重视必然现象，忽视偶然现象。一般都认为，变异有偶然性，故不能决定生物的进化方向。其实，偶然性和必然性在生物进化中的意义都不可低估，尤其不能低估偶然性在决定生物进化中的重要作用。生物进化就是在必然与偶然的矛盾中运动前进的，而且偶然性的作用是更基本的。为了纠正只重视必然性而忽视偶然性的偏见，需要突出偶然性，以防矫枉过正。

下面是影响生物进化方向的一些重要偶然现象。

1. 变异与遗传联姻

繁殖可以延续生命，遗传可以保持形态性状稳定不变。遗传的方向是确定的、必然的。变异与遗传相反，变异的方向是不确定的、偶然的，变异对遗传来说为偶然事件。遗传必须与变异联姻，才可能有进化。当变异改变了遗传的方向，进化才能发生，并朝着变异的方向发展。变异的方向须服从适者生存的法则，进化的方向最终由变异和环境共同决定。但变异的作用是更根本的，不但是因为没有变异进化不能发生，而且适应性的改变也是变异决定的。

2. 无性向有性发展

在生物诞生之初，通过无性繁殖就能正常延续生命。无性繁殖是生命延续的必然事件。后来，出现有性繁殖的变异，相对于无性繁殖，有性繁殖就成了偶然事件。如果没有出现有性繁殖这样的偶然事件，繁殖永远是无性的，繁殖方式就不会有质变，繁殖方式朝有性繁殖方向进化也就不可能发生。

3. 分歧与趋同并举

变异的核心是分歧，但在进化中出现了趋同现象，趋同对分歧来说成了偶然事件。通常认为，趋同的演变方向是自然选择决定的。自然选择对进化方向有决定权，对趋同必然起到它应起的作用。但发生趋同的原因，不可能仅仅是自然选择单方面的，如果没有变异，就不能出现不同种类生物形态趋同的演变。可见，首先还是因为变异，有了趋同的形态，并有趋同的适应性，可选择类似的环境，才可能出现能引起不同种类生物器官趋同的进化现象。另外，趋同不是相同，趋同的生物都是不同种的生物。自然选择不可能把不同种的生物选择得完全同种。不难想象，如果进化方向是由自然选择单方面决定的，自然选择就可以把不同种生物的器官选择得完全相同，甚至把不同种的生物选择得完全同种，而不是趋同。正因为趋同不是由自然选择单方面决定的，就只能是趋同，不可能完全相同。

4. 自养与他养共存

早期的生物都是自养型的，后来演变出他养型的生物。食物链的出现使生存竞争激化，相安无事、共享太平的日子一去不复返，生物进化步入了一个崭新的历史时期。他养型相对于自养型是一次偶然突变，决定了生物进化的新方向。

由此可知，把偶然与必然割裂开来不可能圆满解释进化的复杂现象，其原因是偶然与必然是相互联系、相辅相成的。既要看到生物进化必然性的一面，也要看到偶然性的另一面，这样能正确认识生物进化的全貌，克服认识的片面性。

第二节　达尔文进化论及其修正

1844—1858年，达尔文将欧文的原型理念视为共同祖先，把发育（发展）过程看作传衍，把分类学家和形态学家的分支概念看成是通过发育或发展而产生的性状分歧，于是达尔文建立了系统发育的新概念，通过系统发育概念和自然选择理论相结合，达尔文完成了他的生物进化论、多向的分支的进化树（垂直进化＋水平进化）显著区别于拉马克的"垂直进化模式"，系统发育和系统树的概念使达尔文的进化论达到空前的高度。1859年《物种起源》正式发表，宣布了达尔文进化论理论的诞生。"达尔文进化论是人类历史上的一个里程碑，揭示了生物进化的本质与机理。"[①]

一、达尔文进化论的内容要点

90

达尔文进化学说大体上包含三部分内容：一是达尔文未加改变地接受前人进化学说的部分内容（主要是布丰和拉马克的某些观点）；二是达尔文自己创造的理论（主要是自然选择理论）；三是修改和发展前人或同代人的某些概念（如性状分歧、种形成、绝灭和系统发育等）。达尔文生物进化论的要点归纳如下：

（一）变异和遗传

达尔文在《物种起源》第一章中论述了变异和遗传问题，达尔文在观察家养和野生动、植物过程中，发现了大量的、确凿的生物变异的事实，而且在性状分析中看到了可遗传的变异和不遗传的变异，一切特征的遗传是通例，而不遗传是例外。因而达尔文关于变异和遗传的理论可以归结为：一切生物都能发生变异，至少有一部分变异能够遗传给后代。

在达尔文之前，人们对生物世代间遗传变异本质的认识长期停留在猜测和思辨的水平上，古希腊的希波克拉底提出的"泛生说"认为，决定各器官特征的胚芽通过血液运行到生殖器官中，遗传给下一代；拉马克提出的"获得性遗传"认为，外部环境的改变若引起生物内在的、持久的、稳定的变异，可通过遗传而保留。达尔文接受了拉马克的观点，并提出他的"泛生假说"来解释获得性遗传，认为动物每个器官里都普遍存在着微小的泛生粒，它们能够分裂繁殖，并能在体内流动，聚集在生殖器官里，形成生殖细胞。当受精卵发育为成体时，各种泛生粒即进入各器官发生作用，因而表现遗传，如果亲代的泛生粒发

---

① 李小平. 教学中对达尔文进化论的探讨 [J]. 高考，2020（17）：66.

生变异，则子代表现变异。这些猜测之所以不科学，是因为它不能演绎生物从亲代到子代的普遍遗传规律，因而只能是对遗传现象的主观臆测。

关于变异问题，达尔文发现相似的变异能在不同的条件下发生，而另一方面，不同的变异，又能在相似的条件下发生，他把二者用一定变异和不定变异来区分。所谓的一定变异，是指生长在某些条件下的个体的一切后代或差不多一切后代能在若干世代以后都按同样方式发生变异。所谓不定变异，是指在相同条件下个体特征发生不同方式的变异，通过不定变异的观察可以区别"同种的各个个体"。关于变异与环境的关系，达尔文认为生物的本性，相对于环境条件尤其重要，强调的是内因。关于变异的原因，达尔文认为除了环境的直接影响外，还列举了器官的使用与不使用的效果、相关变异、遗传。

关于相关变异，达尔文以育种为例认为，若针对任何一项性状进行选种，便会把这种性状加强，同时还会因为这神奇的相关变异法则，在无意中会获得其他构造上的改变。达尔文在《物种起源》第二章和第四章中讨论了自然状态下的变异规律，主要得出了两点结论：①在自然状态下显著的偶然变异是少见的，即使出现也会因杂交而消失，即持融合遗传观点；②在自然界中从个体差异到轻微的变种，再到显著变种，再到亚种和种，其间是连续的过渡，因而否认自然界的不连续，否认种的真实性（认为种是人为的分类单位）。由此看出，达尔文在遗传变异的分析认识上，多是拉马克的思想，受到了当时生物学水平的限制。

（二）自然选择理论

达尔文在《物种起源》第三章进行了"生存斗争"的论述，一切生物都有高速率增加的倾向，所以生存斗争是必然的结果。各种生物，在它的自然生活期中所产生多数的卵或种子往往在生活的某时期内或者在某季节或某年内遭遇灭亡。否则，依照几何比率增加的原理，它的个体数目将迅速地过度增大，以致无地可容。因此，由于产生的个体超过其可能生存的数目，所以不免到处有生存斗争，或者一个个体和同种其他个体斗争、或各种异种的个体斗争，或者和生活的物理条件斗争（《物种起源》第三章）。从达尔文对生存斗争的叙述中，可以看到马尔萨斯《论人口》对他的影响，亦可以看到他对种内竞争、种间竞争、种间相克等对生物生存影响的认识，简单来讲，生物都有按几何比率高速增加个体数目的倾向，而生活条件（空间、食物等）是有限的，因而就会发生大比率的死亡，这就是生存斗争。

生存斗争中大比率死亡的个体中，是偶然的死亡还是条件的淘汰，达尔文在《物种起源》第四章进行了关于自然选择——即适者生存的论述：在广大而复杂的生存斗争中，有利于生物本身的变异……将有较好的机会以生存繁殖……任何有害的变异，虽危害程度极轻微，亦必然消失，这种有利的个体差异、变异的保持和有害变异的消除，我称之为自然选择，或适者生存，至于那些无利也无害的变异，将不受自然选择作用的影响，它们或者成为变动不定的性状，或者最终成为固定的性状。达尔文是受人类育种进行人工选择的启迪而引入自然选择这个名词的。进一步而言，在具有生存机会的个体之间还会有生殖机会的不同，那些具有有利于争取生殖机会的变异就会积累保存下来。

（三）性状分歧、种形成、绝灭和系统树

在《物种起源》中，达尔文把自然选择、杂交和性状分歧原理结合起来用于自然界，论述了物种的形成和多样性的增加。在同一个种内，个体之间在结构习性上越是歧异，则在适应不同环境方面越是有利，因而将会繁育出更多的个体，分布的范围越广，这样随着差异的积累，歧异越来越大，于是由原来的一个种会逐渐变为若干个变种、亚种乃至不同的新种，达尔文强调隔离对于新种的产生虽是极端重要，但就全部而言，地域的宽广更为重要。

另外，在自然选择下，达尔文提出了绝灭原理、生物体制倾向进步的程度，论证了生物由低级到高级、由简单到复杂的进化趋势，明确了达尔文式的进化是多向的多分支进化（垂直进化＋水平进化），而且认为很多物种，都依着其逐渐的方式而进化，几乎是无可怀疑的，这样在自然选择的作用下，由于性状分歧和中间类型的绝灭，新种不断产生，旧种灭亡，种间差异逐渐扩大，因而相近的种归于一属，相近的属归于一科，相近的科归于一目，相近的目归于一纲。如果从时间和空间两方面来看，则这一过程正好像一株树。由统一的原型，通过分支而产生歧义（用以解释生物多样性）。例如：由脊椎动物原型通过分支而产生若干亚原型，并进而分化为不同的动物，达尔文把原型概念修正为"同祖"，将分支概念修正为"性状分歧"，将分支过程看成"有变化地传衍"，这就是系统发生概念。

二、达尔文进化论的主要意义

《物种起源》自发表至今多年，对达尔文进化理论的质疑从未间断过，其中有攻击、误解和歪曲，但不可否认的是达尔文的进化理论开创了生物学发展史上的新纪元，后来者仍然在不断修正完善它。

达尔文的进化论把上帝从科学领域中彻底驱逐出去，使科学回归自然完成了一场唯物主义的思想革命。对于生物学家而言，生物进化论属历史自然科学，是高度综合、哲理性很强的学问，它不仅要从生命组织的不同层次揭示进化的原因，也要从时间上追溯进化过程。进化论是生物学最大生物界的复杂现象的统一理论：形态的、生理的、行为的适应，物种形成和绝灭，种内和种间关系等现象都只能在进化理论的基础上得到统一的解释。

三、对达尔文进化论的修正

达尔文进化论提出后，人们在不断思考它的不足。首先是遗传变异问题，达尔文自己

也解释不了可遗传的和不可遗传的变异，因而不能解决生物世代间延续的遗传机理和实验证据。另外，达尔文提出了系统发育、性状分歧、系统树和自然选择等，但又无法用演绎的方法予以数量分析。其次，达尔文只是通过宏观的表型的资料及有关地质、生物学和前人的生物进化研究等来完成他的进化论的，由于当时生物学水平的局限性，他并没有从生物的更深层次上（如分子水平）来研究生物进化问题。因而，随着遗传学、数理统计学、分子生物学等与进化相关学科的发展，人们不断对达尔文进化论进行思考和修正，使生物进化论越来越符合地球生命进化史的实际。

（一）经典遗传学的建立与发展

达尔文进化论是研究生物变异的科学，即研究生物在长达 38 亿年左右的世代延续中的遗传和变异问题（相似的与不相似的），在达尔文《物种起源》出版时，人们并未解决这个问题。

真正通过缜密试验设计并通过统计分析来研究遗传变异是从孟德尔开始的，他在前人植物杂交试验的基础上，于 1856—1864 年从事豌豆杂交试验，对亲、子代的 7 对质量性状进行了详细记载和统计分析，于 1866 年（《物种起源》发表后 7 年）发表了论文《植物杂交试验》，提出了性状的遗传是受生殖细胞里的遗传因子控制的粒子遗传理论，在遗传因子的显、隐性概念下，对杂交试验进行了统计分析，归结为两个基本的遗传定律：①分离定律。一对相对性状由一对遗传因子控制，在遗传（生殖）过程中，这一对因子各自独立分配到配子（精子和卵子）中去，互不干扰和融合。②自由组合（独立分配）定律。不同的相对性状的遗传因子在遗传过程中，这一对因子与另一对因子的分离和组合是互不干扰、各自独立分配到配子去的。孟德尔的两个遗传定律表明，任一特定性状的遗传因子作为一个单元从一代传到下一代，独立分离、自由组合、互不融合，澄清了历史上对遗传机理的各种猜测。

孟德尔的遗传理论直到他逝世都未受到重视，直到 1900 年才被重新发现，被尘封了 35 年。孟德尔逝世 10 多年后，英国遗传学剑桥学派首要人物贝特森教授于 1899 年在英国皇家园艺学会召开的一次国际会议上，宣读了有关杂交科学研究方法的论文，明确谈到统计方法的重要作用。他还根据自己的经验教训指出，凡是不按照这样做的，那注定要失败，贝特森的做法正是孟德尔采用的方法。

1900 年，孟德尔的遗传规律被荷兰的狄·弗里斯、奥地利的柴马克和德国的柯伦斯三人同时独立发现。1900 年被公认是经典遗传学建立和发展的一年。1905 年，贝特森从"生殖"一词的词根"gene"创造了"遗传学"（genetics）这一词，用以概括对生物遗传和变异的研究。1906 年，贝特森在第三届国际杂交与育种大会（后改称国际遗传学大会）开幕词中介绍了他关于建立遗传学这一学科的意见，为大会所接受，而在这以前，遗传问

93

题只是进化和育种问题的附属物。

狄·弗里斯除了做植物杂交试验外，从 1886 年起还对拉马克月见草进行了多年的种植和观察，发现了一些新类型是突然发生的，而且只要一代就达到遗传稳定。他根据这个事实，于 1901—1903 年提出了"突变论"，认为自然界新种的产生不是长期选择和积累的结果，而是突变产生的。这个学说说明遗传因子是可变的，又说明"获得性遗传"是没有根据的，但它又和达尔文的自然选择学说是矛盾的。

丹麦植物学家约翰森用一种菜豆做试验，在 12 年内对一商业品种进行连续选择，分离出 19 个纯系，于 1909 年提出"纯系学说"，认为一个商业品种是多个纯系的混合体，在这个混合体内选择有效，在纯系内选择无效，说明选择只能将混合体作一番分离而已，没有创造性的作用。另外，他用种子大、小不同的纯系作遗传和环境关系的试验中，于 1908 年提出了用"基因"（gene）一词取代意义比较宽泛的孟德尔遗传因子，进而提出基因型和表现型概念，基因型由基因组成，表明遗传组成，不能直接观察；表现型是基因型和环境互相作用而产生的。基因型间的变异是遗传的，同一基因型在环境中的变异是环境变异，不能遗传，进一步说明获得性状遗传是没有根据的。

"突变论"和"纯系学说"是通过实验得出的，可以重复和检验，因而得到生物界的广泛支持，同时也对达尔文的自然选择理论提出了不同的看法。

94

19 世纪末，细胞学已有了很大的发展，对于有丝分裂、减数分裂、受精过程以及染色体形态都有了基本认识。因此，当孟德尔遗传规律被重新发现后，就很快在魏斯曼的"种质论"基础上，把细胞学的资料和孟德尔遗传规律联系起来了。1903 年，萨顿提出了基因位于染色体上的学说，理由是基因在生殖过程中的行为和染色体的行为一致，但并没有直接证据。

摩尔根是经典遗传学成就最大的人，是基因论的提出者，是经典遗传学的旗帜。由他开创的孟德尔 - 摩尔根学派是经典遗传学的主流学派，他及其助手们的研究成果是经典遗传学的代表。摩尔根早年对孟德尔定律持怀疑态度，认为孟德尔是根据解释的需要而假定遗传因子的存在，然后又从这种假定出发去解释实验结果。

摩尔根的转变始于 1910 年，这一年他在白眼果蝇所做的杂交试验中发现了伴性遗传（受性别控制的遗传），第一次把特定基因与特定的染色体（性染色体）联系起来。由于一个生物的基因数目很大，而染色体数目有限（如人有 23 对染色体，豌豆有 7 对染色体），因而一条染色体上存在许多基因。发现伴性遗传后，摩尔根又发现了基因的连锁与交换定律，这是孟德尔之后的第三个遗传定律，每一对染色体中有两条同源染色体，不同对染色体间的染色体是非同源的。在生殖过程中，只有位于非同源染色体上的基因才符合孟德尔的自由组合定律，而位于同源染色体上的基因是一起传给后代的，并不符合自由组合定理，这就是基因连锁。在表现上就是有一些性状总是相伴出现，它们组成一个连锁群，连锁群的个数就是生物的染色体对数。同一连锁群上基因的连锁强度不同，表明不同连锁群之间发生了基因交换，其基因是不同连锁群间的非同源染色体间发生了不同程度区段的交换。基因连锁强度不同是由于在染色体上的距离不同，距离越近则连锁强度越大，越远则交换的概率越大。因此，根据连锁强度的大小，就能够确定同一连锁群各个基因在染色体上的排列顺序。为了确定基因在染色体上是直线排列还是网状排列，摩尔根小组设计了"三点试验"，证明了直线排列的设想。从这种思想出发，测定了果蝇许多基因之间的连锁强度，以 1% 的交换率作为距离单位，画出了果蝇基因在染色体上相对位置的基因连锁图（或叫作遗传学图）。另外，摩尔根还讨论了突变起源和进化，认为基因突变是选择的材料，因为只有基因突变所引起的性状改变才能遗传下去。

　　1928 年，摩尔根的《基因论》一书出版，此书总结了摩尔根及其助手们的研究成果，是自孟德尔定律提出以来遗传学研究的总结，用基因论对当时已经发现的几乎所有重要遗传成果做出了阐述，标志着基因论的成熟，是经典遗传学最重要的理论著作。《基因论》第一章第 6 节"基因论"中提道，基因论认为个体上的种种性状都起源于生殖质内的成对的要素（基因），这些基因互相联合，组成一定数目的连锁群；认为生殖细胞成熟时，每一对的两个基因依孟德尔第一定律而彼此分离，于是每个生殖细胞只含一组基因；认为不同连锁群内的基因依孟德尔第二定律而自由组合；认为两个相对连锁群之间有时也发生有秩序的交换；并且认为交换频率证明了每个连锁群内诸要素呈直线排列，也证明了诸要素的相对位置，这是基因论的最权威表述。

（二）数理统计学的建立与发展

　　达尔文生物进化论实质上表述了生物在时间方向上的运动规律，由于影响生物进化的因素有很多，这就给从数量上的研究带来了种种困难，但人们对进化现象的数量分析的努力，导致了数理统计学的建立和发展。

　　高尔顿是达尔文的表弟，当《物种起源》发表后，便激发他产生用统计方法来研究生物的遗传进化问题的设想。他于 1882 年设立了"人体测量实验室"，测量人的特性和能力，获得了 9337 人的统计资料。1886 年在其论文"家属在身长方面的类似"中提出了相关指数（后被定名为相关系数）；在另一篇论文"在遗传的身长中向中等身长的回归"中提出了回归。于 1889 年出版了他的代表著作《自然遗传》，高尔顿认为自己是把进化问题从统计学方面研究的最早的人。

　　事实上回归值是随着自变量的变化因变量的平均表现，并未涉及遗传机理，把这个思想用在子女身高与父、母平均身高的关系上，则是子女身高是向父母身高平均的回归，因而它是达尔文的融合遗传。在这种理论下，子女的表现处于双亲的中间状态，即后代在不断弱化，不会导致新物种的出现。1901 年，高尔顿及其学生皮尔逊在为《生物计量学》期刊所写的创刊词中，首次为他们所用的统计方法明确提出了"生物统计学"一词。所谓生物统计学，是应用于生物科学中的现代统计方法。对生物统计倾注心血，并把它上升到通用方法论高度的是高尔顿的学生皮尔逊，他是数理统计中描述统计的代表人物，由于这种"描述"特色是由高尔顿、皮尔逊等一批研究生物进化的学者苦心提炼而成，因此，历史上常称他们为生物统计学派。

为了完善进化论，孟德尔的研究是要解决其理论基础是否牢固的问题，高尔顿是为了解决其量化分析的问题，然而，以皮尔逊为首的生物统计学派和以贝特森为首的孟德尔遗传实验学派在"生物变异是否连续"的问题上展开了论战。前者认为生物进化过程中的变异一般是连续的，后者则主张通过实验才能下结论。生物统计学派是运用描述的理论和观察的方法，所以他们一般只是以不用区别母体和样本的大样本作为自己的处理对象，遗传实验学派是运用统计推断的理论和实验的方法，即采用实验数据的小样本来处理。

从科学的角度看，生物统计学派运用的大样本的描述统计，尽管可以在统计的角度上反映遗传变异规律，但描述本身毕竟属于感性范畴，而遗传实验手段则较为深刻，但对实验要求应尽可能地单纯，这就限制了它的运用，如对质量性状可做遗传实验，而对数量性状则难以进行。事实上，两者是互为表里、互为补充的关系，既要证明实质性的问题，也不能缺少统计学的理论和方法。事实上，人们在遗传学的各种研究中遵循了这一思想，取得了一系列开创性的成果。

对达尔文生物进化论研究，导致了孟德尔、贝特森和摩尔根的研究使经典遗传学得以建立和完善；导致了生物统计的发展，在数理统计学领域，使皮尔逊成为描述统计的代表，使费希尔成为推断统计的代表。费希尔一生的主要著作有《自然选择的遗传理论》《实验设计》以及与耶特斯合著的《供生物、农业与医药研究用的统计表》《统计估计理论》《对数理统计的贡献》《统计方法和科学推断》等。

费希尔在统计学史上的地位是显赫的，他的研究标志着现代数理统计学的建立，美国统计学家约翰逊于1959年出版了《现代统计方法：描述和推断》一书，指出费希尔对于农业科学、生物学和遗传学的影响巨大，因为在这些领域，他迅速推动了统计理论的发展，而在其他领域里，比如教育学和心理学，对于他的研究成果的重要性和实用性也终于获得了承认。并指出从1920年起一直到今天的这段时期，称之为统计学的费希尔时代是恰当的。

（三）对达尔文进化论的两次修正

20世纪初，随着孟德尔遗传定律的重新发现，摩尔根关于伴性遗传、基因连锁和交换、突变是自然选择的材料等研究成果，使人们认识到生物性状的遗传、变异和突变是建立在染色体上基因物质基础之上的，而且认识到高等生物染色体的双倍性、有性繁殖过程的基因交流中重组和交换现象的存在，因而达尔文进化论应建立在遗传学的基础上。

1904年，贝特森在其著作《孟德尔的遗传原理》中提出遗传学的定义：遗传学是研究遗传和变异的科学，在此基础上，达尔文生物进化论经历了第一次修正，修正后的达尔文学说称为新达尔文主义。新达尔文主义的代表人物有魏斯曼，突变论的提出者狄·弗里斯、贝特森和摩尔根等。

新达尔文主义强调自然选择是生物进化的主要因素，消除了达尔文接受的进化论先驱者布丰的"环境直接作用"和拉马克的"获得性状遗传"等一些未经证明的内容。魏斯曼提出的"种质连续论"认为，生物体由种质和体质两部分组成，种质是世代遗传的，体质受环境影响是不能遗传的，他们期望通过对基因的研究来揭示生物进化的机制，即用种质、突变、基因理论为基础和自然选择的长期作用来阐述生物进化现象，然而，他们的研究还限于个体水平而不是群体水平，关于环境对生物的作用和生物的适应性等缺乏恰当的数量表达，使新达尔文主义对进化论的研究从本质上讲更重视突变，即突变是造成遗传性状改变的原因。因而新达尔文主义又称为突变主义，即主张突变是进化的驱动力。

20世纪20年代末和30年代早期，在进化论上出现了一场与突变主义的争论，其代表人物有费希尔、莱特、霍尔登等一批数学家、古生物学家和生物系统学家，他们对达尔文主义进行了第二次修正。进化的单元不是个体而是能互相繁殖的群体，即孟德尔群体；对达尔文"生存斗争，适者生存"的自然选择进行了修正，用繁殖的相对优势来定义适应，用群体中各类个体或基因型对后代基因库的相对贡献来定义适应度，即自然选择是"繁殖或基因传递的相对差异"，而不是"生"和"死"的绝对选择性问题，绝不是社会政治目的的生存斗争；对于突变的作用，要看它在群体中的地位、传递的代数和适应性等，突变若使表现型产生"有利"或"有害"的变异，就会发生自然选择；用孟德尔遗传和数学方法建立了自然选择、突变、迁移等的数学模型，诠释群体在各种因素作用下基因频率随世代的变化，从而把种内进化表现为在各种因素作用下群体中基因频率随世代变化的动力学。其间，费希尔、霍尔登和莱特等出版了《自然选择的遗传理论》《进化的起因》《孟德尔群体内的进化》等名著，随后杜布赞斯基于1937年出版了《遗传学与物种起源》，结合前人对群体遗传学的研究，加以实验证明，揭示了自然选择理论与遗传学的一致性，初步形成了群体遗传学的理论体系。

对达尔文主义的第二次修正，赫胥黎称之为"现代综合论"。经典达尔文生物进化论的突变指的是生物个体的特定表型的改变，在现代综合论里，生物表型突变被基因突变替代了，由于现代综合论是以经典遗传学和数理统计学等为基础、以自然选择为核心理论来分析种内进化（即小进化）的，对于达尔文所说的"至于那些无利也无害的变异，将不受自然选择作用的影响"，现代综合论并未涉及，即对"中性"变异是和达尔文进化论保持一致的，因而人们称现代综合论为选择主义。在现代综合论的推动下，群体遗传学的理论和实验研究发展迅速，著名华裔学者李景钧于1950年代初出版了名著《群体遗传学》，标志着现代综合论时代群体遗传学的系统化和完善化，为了进一步叙述分子水平的进化研究，可以称它为经典群体遗传学。

下面对现代综合论等关于生命史的一些重要学说的差异进行概括性的叙述。

（1）以林奈为代表的物种不变论认为自然界是连续的、永恒不变的；拉马克认为自然界的生物是阶梯式向上的、无分支的（垂直）进化，即单向的直线式进化；达尔文认为自然界的生物是多向的分支进化（垂直进化＋水平进化）；以居维叶为代表的灾变论认为是多次绝灭与多次创造的不连续的自然界；新灾变论认为是既连续又不连续的自然历史。

（2）布丰、拉马克、达尔文进化论等进化学说的争论，主要表现在进化的动力、方向和速度上。在进化动力上，布丰学说主要以外环境为主；拉马克学说和突变论主张以内因为主；达尔文学说和现代综合论主张外环境与内因相结合；在进化方向上，达尔文学说和现代综合论认为是不定向的，即适应局部环境；拉马克学说认为是定向的、进步的；在进化速度上：达尔文学说和现代综合论认为是渐变的，基本上是匀速的；新灾变论认为是跳跃的，不匀速的。在这些争论中，单纯的外因和内因主张，不管它的内涵是什么，人们往往抱着批判否定的态度。达尔文学说主张进化的动力是外环境与内因的结合，但他所认为的突变必须产生有害或有利的表型变异，并不涉及无利或无害的中性突变。

（四）分子进化中性论

分子进化中性论用以解释分子层次上的进化，该理论又称为中性突变理论，该理论认为在分子层次上的进化改变不是由自然选择作用于有利或有害突变而引起的，而是在连续的突变压之下由选择中性或非常接近中性的突变的随机固定造成的。所谓中性突变是指对当前适应度无影响的突变，或者说是对选择非有利亦非有害的突变。分子进化中性论承认自然选择在表型（形态、生理、行为等）进化中的作用，但否认自然选择在中性突变下分子进化中的作用，人们称分子进化中性论为"非达尔文式的分子进化"。分子进化中性论的要点如下：

（1）分子层次上的突变是分子进化（蛋白质和DNA）的动力，这种突变大多数是选择中性的，不影响蛋白质的功能，对生物个体生存无害也无利。

（2）中性突变通过遗传随机漂变在群体中固定下来，表现为分子进化，方向是不定的，在这个过程中，自然选择是不起作用的。

（3）在中性突变中，进化速率由中性突变速率决定，即由核苷酸和氨基酸的置换决定，它对所有的生物几乎都是恒定的。

达尔文进化论的自然选择学说和分子进化中性论都是对生物进化理论的贡献，并非是"非此即彼"的选择，中性突变论能很好地解释分子多态性的起源（如核苷酸突变是产生复等位基因的物质基础），但不能解释表型的适应性进化。另外中性突变论所涉及的只是生物大分子一级结构单元的中性的替换，并不能包含和解释分子进化的全部（如生物大分子次级结构的进化等）。关于选择是否在分子进化中起作用的问题是很复杂的，是不好否定的，因为基因的表达是受内、外环境共同制约的，选择一般来讲不应局限在某一个位点，而是针对复杂的调控系统，而调控系统是在选择控制之下的。

中性突变论研究，除了强调随机因素对进化的作用外，还强调突变压在进化中的作用，这是对现代综合论的纠正和补充。有新研究表明，某些生物具有很高的突变率，而且表现出很强的定向突变压。从目前研究趋势来看，未来将会有更多的关于生物内部进化驱动和进化定向因素的研究发现，因而，突变论和进化的内因说是不宜完全否定的。

生物进化理论是复杂的。如今的进化论，既不能否定现代综合论所继承和发展的达尔文的自然选择理论，又不能否定分子进化中的中性突变论，关于生物进化的更深层和更广泛的机理问题还将探讨下去。关于群体遗传学深入分子进化的主要著作有根井正利的《分子群体遗传学与进化论》、木村资生的《分子进化中性理论》、李文雄和戈劳尔的《分子进化基础》等。

第三节　群体遗传学及其意义

"在遗传学上把一群可以相互交配的个体所组成的集团称为群体。群体的遗传结构、基因频率及基因型频率的变化，就是群体遗传学的研究范围。"[1]

一、群体遗传学的相关概念与特性

（一）群体遗传学的相关概念

第一，群体。群体是存在于同一生活空间、彼此之间具有生殖联系的多数个体的总称，是基因重组的空间范围。

第二，群体遗传学。群体遗传学是在群体水平上揭示遗传规律性的科学。进一步而言，它是研究群体遗传结构、遗传特性在世代传递过程中变化的原因及规律性的科学；也是探讨基因在群体中的传递和分布机理的科学，是论述基因在群体中行为的科学；也可以说群体遗传学是揭示进化的遗传机理的科学。

第三，生殖联系。生殖联系包含两方面含义：①以往世代的联系，体现于个体间的亲缘关系；②当代的联系，体现于交配的概率。

（二）群体遗传学的主要特性

第一，计量性。群体遗传学主要探讨基因如何传递、如何分布的统计学规律。群体遗传学在其形成之初，就已经首先形成了相关的数学理论，是整个生命科学领域最早应用近代数学的领域。

---

[1] 陈泽辉. 群体与数量遗传学 [M]. 贵阳：贵州科技出版社，2009：1.

第二，宏观性。群体遗传学以揭示群体集团中的遗传规律性为目标，而不限于个体和家系，这是与孟德尔经典遗传学最根本的区别。

二、群体遗传学的产生与发展

（一）群体遗传学的产生前提

第一，19 世纪中叶达尔文的进化论（1859 年《物种起源》为始），从生物与环境相互作用的观点出发，认为生物的变异、遗传和自然选择作用能导致生物的适应性改变，为遗传学的产生奠定了理论基础。

第二，19 世纪高尔顿首次将概率统计原理等数学方法应用于生物科学，创立了生物统计学，为群体遗传学的产生及发展提供了理论前提。

第三，1900 年孟德尔学说（"植物实验"）的重新发现是群体遗传学产生和发展的理论支柱。

（二）群体遗传学的奠基与形成

第一，1908 年，哈代-温伯格平衡定律的发现为群体遗传学的研究奠定了基础。

第二，20 世纪 30 年代至 60 年代出现了一系列遗传学的重大发展。英国数理统计学家费雪、美国遗传学家怀特分别以孟德尔学说和达尔文学说相结合的方法从理论上阐明了影响基因频率变化的各种因素，论证突变率、选择压、迁移率和群体有效规模 4 个基本概念，使群体遗传学形成了基本框架。

（三）群体遗传学的蓬勃发展

遗传学和生命科学其他领域的新成就在以下四个方面推动当代群体遗传学进入一个全新的蓬勃发展的时代：

（1）20 世纪 60 年代后期，莱文廷发现许多 DNA 初级产物蛋白质和酶广泛存在多型现象，其变异之丰富出乎意料。在生物化学-分子遗传学成就的基础上，木村资生认为"既然群体遗传学研究的最终目的是阐明进化的遗传规律，因此蛋白质和酶的分子结构（即氨基酸的排列序列）、DNA 的分子结构（即碱基的排列顺序）就是一个最值得关注的问题"，他以蛋白质分子、DNA 分子结构的个体间的差异作为遗传标记论证了"分子进化中立论"以及分子进化与时间近似的对应关系，建立了"分子进化钟"学说（进化与物种、世代长短无关）。该理论作为达尔文学说的补充，成为进化论研究的内容之一，是进化论的新分支。

（2）群体遗传学的理论研究对象由经典孟德尔学说的等位基因扩大到现代可以检测的各种层次的遗传物质，如染色体特征、体液（眼泪、血液、唾液）生化特征、抗原性的编码基因、DNA 核苷酸序列、"DNA 指纹"（DNA 核苷酸链非编码区特定序列的有无以及重复次数等）等，也就是从细胞水平到亚分子水平再到分子水平，在世代传递中具有对偶、复制、分离、重组行为的遗传性粒子结构，比经典的遗传学中基因的概念更为丰富，从而形成许多群体遗传学的分支，如群体细胞遗传学、群体免疫遗传学、分子群体遗传学等。

（3）生化分子群体遗传学的发展，将物种以外（以上）的生物进化研究推上了试验、分析、测定的阶段。因为蛋白质的氨基酸成分、DNA碱基水平的物种之间的差异是客观的、可测的，而以往的群体遗传学关于系统进化的研究仅限于物种以内（即种内的分化过程），对于物种以外的分化仅限于类推的水平。

（4）动物胚胎工程（指胚胎转移、分割）、动物克隆及其他无性生殖技术的发展，将原限于孟德尔群体为研究对象的范围扩大，也必然将群体遗传学着重阐述"孟德尔群体"内遗传变异的局面推向更丰富的研究范围，将有更多方面的研究内容。其原因在于：①新技术在畜牧业的应用是大势所趋的；②最初的遗传学本来就存在关于单倍体生殖、单性生殖等非孟德尔群体的理论探讨。

三、群体遗传学的主流意义

目前，遗传学按不同的区分角度已有30个分支，其发展有以下两大主流：

（1）从个体角度，揭示遗传物质基础的实质，以及亲子个体间遗传物质传递、表达的过程。从经典遗传学以来，细胞遗传学、免疫遗传学、生化遗传学、分子遗传学等均属于这个范畴。目前的遗传工程学是其应用的一个方面。这些学科的共同点是从个体到家系的角度来认识遗传现象。

（2）从群体角度，揭示遗传物质在世代过程中在群体中的分布规律和总体表现。这就是群体遗传学的研究范畴，也可以说群体遗传学是揭示进化遗传学的科学，其派生的应用科学有进化论、育种学、遗传资源学等。这些学科的共同点是从群体与宏观角度揭示遗传规律。

遗传学的这两大主流历来是两者相互依存、促进，彼此渗透和交叉的，但两大主流研究对象截然不同，不能互相取代。

从学科的发展而言，个体角度研究的各个领域，在不同时期可能有兴衰之别和取代现象，但任何分支的发展都不能取代群体遗传学的研究。

群体遗传学的科学意义和应用价值在于：群体遗传学是进化论、育种学（人工控制下的进化）、生物遗传资源学、医学这四门学科的理论基础，有力地支撑并推动其发展。

第五章 群体遗传组成及平衡定律

对于群体而言，性状表现的遗传基础则是基因型频率和基因频率，解释群体的遗传与变异规律，要通过估算世代间群体的基因型频率和基因频率来实现。本章主要探究基因型频率和基因频率、自然突变率分析以及 Hardy–Weinberg（哈代 – 温伯格）平衡定律。

第一节 基因型频率和基因频率

描述一个群体的遗传组成，首先应该详细说明群体的基因型，并说出每种基因型的多少，这才是一个完整的描述。假定我们讨论的是某一常染色体上的基因位点 A，并且在这个位点上存在两个不同的等位基因 A_1 和 A_2。群体的遗传结构，就是用各种基因型的个体数在整个群体中的比率来加以描述，这种比率或频率称为基因型频率。例如：我们发现在一个群体中有 1 / 4 是属于 $A_1 A_1$ 型的，则这一种基因型的频率就是 0.25，当然，把全部基因型频率加在一起应该是 1.00。

例如，人的 M–N 血型是由在一个位点上的两个等位基因所决定的，三种基因型相当于三种血型：M 型、MN 型和 N 型。根据东格陵兰因纽特人和冰岛人中的血型频率比较，见表 5–1[①]：

表 5–1 东格陵兰因纽特人人和冰岛人中的血型频率比较

	血型频率			人数（ ）
	M 型	MN 型	N 型	
格陵兰	0.835	0.156	0.009	569
冰岛	0.312	0.515	0.173	747

显然这两个群体在这些基因型频率上是不同的，在格陵兰 N 血型很少见，但在冰岛却相当普遍。在这个位点上，不但两个群体各自内部基因型频率不一致，而且同一基因型在两个群体间的频率也不一致。

---

① 本节图表引自陈泽辉. 群体与数量遗传学 [M]. 贵阳：贵州科技出版社，2009：1–25.

在遗传学意义上，一个群体不但是一群个体，而且是繁育着的一群个体。各个基因通过减数分裂和受精作用，并不发生融合而维持其各自的个体特性。因此群体的遗传学不仅要考虑到个体的遗传结构，还要考虑到基因从一代传递到下一代的问题。在传递的过程中亲代的基因型被拆散，在后代中又重新由那些配子传递来的基因组成基因型。这样由群体所载有的基因连绵不断地从一代传到下一代，但它们包含的基因型却并不连续。

"基因频率变化规律是群体遗传学研究的核心，也是理解生物进化的关键。"[1]基因除了以极低的频率发生突变或重组外，其频率是不会发生变化的。因此，只要没有选择、迁移等因素的作用，这个基因在群体中的相对频率（基因频率）也不会发生变化。与此相反，作为二倍体生物的相对频率的基因型频率，即使基因频率不变，如在交配方式上发生微小的变化，也能使其受到很大的影响。极端的情况是，进行随机交配的植物，一旦进行了自交，在后代中，纯合体比例将不断增加，而杂合体将会减少。如考虑更多基因位点时，与等位基因数相比，等位基因间形成的基因型数目是相当大的。因此，除了考虑群体的基因型频率外，以基因频率为基准表示群体的遗传特性更为重要。群体遗传学主要是研究群体的基因频率变化。

一个群体的遗传组成，依据它所载有的各种基因，可以用对应的基因频率来描述，那就是对在每个位点上所有存在的等位基因及其数目或比率加以详细说明。例如A_1是在A位点上的一个等位基因，则基因A_1的频率或A_1的基因频率，乃是在该位点上全部等位基因中A_1等位基因所占的比率。在任何一个位点上全部等位基因的频率相加必须等于1。

在一群个体中，某一特定位点上的基因频率可以从已知的基因型频率推算。设有两个等位基因A_1和A_2，对100个个体按各种基因型分类，见表5-2：

表5-2　群体的基因型频率与基因频率

基因型	A_1A_1　A_1A_2　A_2A_2	总数
个体数	30　60　10	100
基因数 A_1	60　60　0	200
A_2	0　60　20	

表5-2中每个个体含有两个基因，这样在该位点上共计数了200个基因。每个A_1A_1个体包含两个A基因，每个A_1A_2包含一个A_1基因。所以在这个样品中共有120个A_1基因和80个A_2基因。A_1基因的频率为0.6，A_2基因的频率是0.4。为了把这种关系用更通用的方式表示，可把基因的频率和基因型的频率用符号表示如下，见表5-3：

表5-3　基因与基因型的频率比较

基因		基因型		
A_1	A_2	A_1A_1	A_1A_2	A_2A_2
频率 p	q	P	H	Q

---

[1]张立岭，钱宏光.基因频率随机过程模型的形成与发展[J].内蒙古农业大学学报，2000，21（4）：102-108.

因此，p+q=1，P+H+Q=1。由于每个个体包含两个基因，A_1基因的频率为$\frac{1}{2}(2P+H)$。群体中基因频率和基因型频率间的关系如下：

$$\left.\begin{array}{l} p = P + \dfrac{1}{2}H \\[2mm] q = Q + \dfrac{1}{2}H \end{array}\right\} \qquad (5\text{-}1)$$

为了说明如何从基因型频率计算基因频率，可用上例中所给的 MN 血型的频率来进行。M 血型和 N 血型代表两个纯合的基因型，MN 型则代表杂合的基因型。在格陵兰 M 基因的频率按照式（5-1）计算为 $0.835 + \frac{1}{2}(0.156) = 0.913$，N 基因的频率则为 $0.009 + \frac{1}{2}(0.156) = 0.087$，这两个频率之和为 1.000。同时对冰岛样品的基因频率计算后获得以下在两群体的基因频率，见表5-4：

表5-4 基因频率比较

	基因频率	
	M	N
格陵兰	0.913	0.087
冰岛	0.570	0.430

计算结果显示，这两个群体不但在基因型频率上不同，而且在基因频率上也不相同。

从群体的数量也可直接计算基因频率。在 N 个个体组成的群体中，A_1基因总数为 2D+H，A_2 基因总数 H+2R。基因频率如下式：

$$p = (2D + H)/(2N) = \left(D + \frac{H}{2} \right)/N \qquad (5\text{-}2)$$

$$q = (H + 2R)/(2N) = \left(\frac{H}{2} + R \right)/N \qquad (5\text{-}3)$$

一个群体的遗传特性受多种因素的作用，使它在从一代到下一代的传递过程中受到影响，这些起作用的因素形成了研究群体遗传的重要内容。能够使群体的遗传特性发生改变的是以下一些因素：

（1）群体的含量。从一代传到下一代的基因是亲代基因的一个样品。因此在相继世代基因频率间存在着抽样的误差，而且亲代的数目如果愈少，抽样的误差也就愈大。抽样误差的效应将在后面章节讨论，在此之前我们一直先假定是处在一个大群体中，在这里暂对这种由于群体的含量所引起的效应不予讨论，这仅意味着抽样误差小到可以不计的一种情况。在实际工作中，一个大群体相当于含有以百计的成体而不是以十计群体的成体的。

（2）生殖力和生活力的差异。目前我们虽然不去考虑那些基因的表现型效应，但我们不能忽视它们在生殖力和生活力上的各种效应。因为这些效应影响到下一代的遗传组成，在亲代中不相同的基因型可能具有不相同的生殖力。如果是这样，它们对形成下一代用的配子的供给量也就不会相同。按照这种方式，就有可能在传递过程中使基因频率发生变化。不仅如此，在新形成的合子的那些基因型间，也可能具有不相同的成活率，当个体发育为成体，并且本身成为亲体时，在新一代中的基因频率也可能发生变化，这些过程被称为选择。

（3）迁移和突变。群体中的基因频率还可能由于个体从另一群体的迁入或者通过基因突变而发生变化。

（4）交配系统。在子代中的基因型取决于那些由配子成对结合所形成的合子，而配子的结合又受到亲代交配的影响。因此在子代中的基因型频率受到那些在亲代中交配配偶的基因型的影响。在此处假定，就所讨论的基因型而论，交配是随机的。随机交配，或者随机交配群体，意味着任何一个个体跟群体中任何另一个个体都有均等的交配机会。

第二节　自然突变率分析

群体基因频率变化如果具有适应意义，则称之为进化性的变化。基因频率的变化，以群体中存在遗传性变异为前提。如果所有个体在所有位点都是单态的，则没有基因频率变化可言。突变对群体提供的多型状态是遗传变异的基本来源。群体遗传多型性的基本来源就是基因突变，当然，也可以说突变不是遗传变异的唯一来源。

就群体而言，生殖细胞形成和受精过程中的基因重组、群体与外部的个体交换也可能增加或者减少变异，但是，基因重组只能改变基因型频率而不能改变基因频率，基因重组和杂交在一代上可产生变异，但从群体水平上讲他们并不是变异的基本来源。突变是遗传多型的基本来源，当然这并不排除就特定环境而言群体外基因的引入，因而总体上遗传多型的根源还是突变。

突变包括：①染色体畸变，指遗传物质相当大的区段的变化，如安康羊矮腿就是染色体畸变；②点突变，指一个基因的置换。

以下主要讨论群体中遗传变异的效率即突变率问题，着重研究自然发生的点突变，而不是诸如人工诱发的突变；讨论点突变而不讨论染色体突变，如倍数性突变、倒位、易位等，其比例极低，而且难以准确测定。

点突变有若干种情况，但根本原因是生殖细胞形成过程中 DNA 复制的错误和反常：

（1）码组移动。在核苷酸复制时，DNA 失去或额外插入碱基，导致转录 RNA 信息的信使 RNA 上的密码子随之发生移动，导致基因机能丧失。这是许多致死突变和遗传病的原因。

（2）DNA碱基置换。DNA碱基置换导致其编码的氨基酸置换，一般而言，蛋白的机能全不或几乎全不发生变化，即不造成可见的变化，即所谓的"中性突变"。从群体来看，所谓的"中性突变"占的比例相当多，绝大多数的突变是"中性突变"。

一、自然突变率的直接测定

（一）常染色体座位

可以用多数个体进行交配实验的动物，如果蝇、小鼠，可以根据一般遗传学原理，以较为简单的方法直接测定自然突变率。

1. 基本思路

用受测座位的隐性纯合子 aa 做供试，用显性纯合子 AA 与之交配，子代中如果出现隐性性状的个体，其比例就是显性基因 A 向隐性基因 a 的突变率，如图 5-1 所示。

$$AA \times aa \longrightarrow Aa \ （均应为显性性状）$$

$$\text{----- 倘若 ---- 0.1‰隐性性状 }(aa)\text{，则} A \xrightarrow{u=0.0001} a$$

图 5-1　显性基因 A 向隐性基因 a 突变率的测定思路

若后代出现隐性性状，即 A 突变为 a，则 A → a, u=0.0001。

这种测定在复等位基因序列上，尽可能用序列最后的等位基因作为供试。

如果子代中出现 A_1、A_2、a 中任何一种基因决定的性状，则可求出 A 向 a 基因突变的频率。

2. 多个常染色体座位显性基因突变率测定

20 世纪后期，为了给放射性小鼠诱发突变提供对照资料，测定 7 个常染色体基因座位上的显性基因突变率。用 7 个常染色体显性纯合子（小鼠野生型）的雄鼠与隐性纯合子的雌鼠交配，这 7 种作为隐形类型控制不同形态的变异，每个座位的隐性纯合子对应颜色如表 5-5 所示。

表 5-5　7 个座位隐性纯合子对应颜色

座位	颜色
a：non-agouti	非野灰色（实际上为黑色）
b：brown	褐色
C^{ch}：chinchilla	青绒毛
p：pink-eyed dilution	粉红眼睛（眼睛中无色素）
d：dilution	稀释毛色（稀灰色）
Se：short ear	短耳朵（痕迹）
S：sport or piebald	斑纹

这 7 个座位相连锁，雄鼠为野生型（在所有座位为显性），雌鼠为 7 个变异的类型（在相应座位上为隐性纯合子）。如果子代出现任何一种隐性类型，则是对应座位的显性基因

（决定野生型特征的）向隐性基因突变。

此实验分 4 群，共获得后代 288616 只，其中 17 只表现出上述 7 种类型中的一种。因此，这 7 个座位显性基因的平均突变率为

$$\bar{u} = \frac{17}{288616} \times \frac{1}{7} = 0.84 \times 10^{-5} \quad (5-4)$$

应用这种简单测定方式的条件是世代间隔短，每代出生个体数多，所以这种方法仅限于实验动物、家禽以及猪，对于人类和大家畜如牛、羊等是不可行的。在大家畜和人类，目前通过群体调查测定突变率，仅限于测定由隐性基因向显性基因的突变。

其具体方法：两个亲本均未表现的显性性状，如在子一代突然出现，其出现比例是隐性基因向显性基因突变率的 2 倍，换言之，突变率是子代新出现的显性类型比例的 1 / 2，因为突变的显性类型都是杂合子（Aa），其另一基因仍为隐性基因。

上述方法也适用于大家畜，应用这种方法测定世代较长、子 / 胎数较低的动物或人群，应以下列条件为前提：

（1）显性性状有完全的外显率，即携带该基因必表现该性状。

（2）不存在非遗传因素导致的类似表型。

（3）不存在决定类似性状的其他基因。

否则有可能得出错误的测定结果。

（二）性染色体座位

供试群体的确定须考虑性别。

估计的一般方法：一般用同型配子性别（哺乳类的母本）的受测基因的纯合子 A_1A_1 群体（或多数个体）与异型配子性别的任意个体相交配。若子一代异型配子性别一方，除了亲代同型配子性别原有的性状之外，还有新性状（如 A_2 决定的性状），那么这个比例就是决定原有性状的基因 A_1 向决定新性状的基因 A_2 突变的突变率。

伴性遗传，即性染色体的非同源部位上的基因所决定的遗传现象。

伴性遗传具有以下两个特征：

（1）纯合性别（如 XX 或 ZZ）传递显性基因时（注：此时异型配子携带隐性基因），子一代所有个体都表现显性性状，由 F_1 代相互交配产生的 F_2 代中，显隐性性状的比例为 3：1，隐性个体的性别都与其祖代亲本相同（或与异型亲本相同）。

（2）纯合性别传递隐性基因时（注：此时异型配子携带显性基因），子一代显性与隐性性状都出现并与亲本性别交叉，F_2 代两个性别都是显、隐性各半。

在这种测定中，只要父亲群体是稳定遗传的显性纯合子，就能根据子代（异型）配子估计突变率，而不需要考虑突变基因的显、隐性地位，如图 5-2 所示。

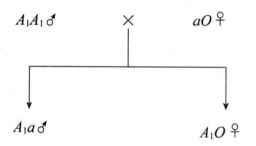

图 5-2　性染色体座位显性基因突变率的测定图示

若出现 A_2O。则 u 为 A_1 突变为 A_2 的频率。

例如，测定鸡的芦花基因的突变率，见图 5-3。

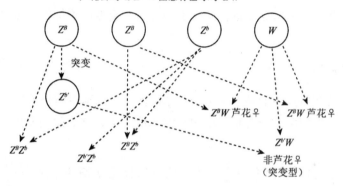

图 5-3　鸡芦花基因突变率的测定图示

子代母鸡中非芦花个体的比例，就是芦花基因向非芦花基因的突变率。

因为子代母鸡在 B 座位的基因来自父亲（来自母亲的 W 性染色体不含 B 座位），只有一个而不是一对基因，其性状由该基因决定。如果不存在突变，就应与父亲性状（芦花）相同。如果父亲产生的配子群中有一定比例的配子，在 B 座位发生了由芦花基因向任意一种非芦花基因的突变，其子代母鸡中就会有突变的非芦花个体，其比例即突变率。

在这个测定中，只要父亲群体是稳定的 BB 纯合子，就能根据子代母鸡的表型估计突变率，而不考虑突变产生的新基因的显隐性地位。

而在母鸡群体中出现非芦花个体的同时，如果子代公鸡群体中也出现了亲代公、母皆没有的（属于该座位上的相对）相同新性状，那么，这种突变就一定是由芦花基因向显隐性序列更高的基因的突变。

二、自然突变率的间接估计

自然突变率的间接估计，其思路内容主要包括：群体中的突变率是突变产生的突变基因使其频率增大的压力与自然选择等因素使其频率降低的压力之间相互平衡的结果，因而可通过群体调查对自然突变率做间接估计。

例如，人类的遗传病。遗传病患者亦即突变型，由于夭折、不能婚配、产子数少等原因通常比正常人生育力低。因而，就人类群体而言，能够向下一代传递的突变基因数比正常基因少（突变基因向下一代传递的可能性低于正常基因）。换言之，由于自然选择，遗传病基因的频率会下降。如果不是每代都有由突变提供的遗传病基因，患者无疑会逐代减少下去。如果遗传病基因的增殖率相当于正常基因的一半，10 代以后其频率将只有原来的 $(1/2)^{10}$，也就是 1‰以下。

人类的 10 个世代相当于 250 ~ 300 年，如果上述假设成立，现在频率很低的遗传病基因，只不过是过去频率非常高的基因留下的遗迹。然而，从历史记录来看，找不到各种遗传病在 250 ~ 300 年前的患例相当于现在 1000 倍的证据。由此看来，增殖率很低的致病基因不断减少的分量可能由突变新增的分量所补充。

如果是这样，就可以根据自然选择所减少的分量与突变所增加的分量之间保持平衡的假定来估计突变率。

（一）显性基因

如果遗传病患者在群体中的频率为 x，则 $\dfrac{x}{2}$ 可视为致病基因的频率。

如果致病基因的增殖率对正常基因增殖率的比值为 f，那么致病基因每代在群体中的消失率为 $x\dfrac{(1-f)}{2}$。

换言之，当代致病基因频率为 $\dfrac{x}{2}$，下一代则以比例 f 减少，成为 $\dfrac{fx}{2}$，两代之差为 $\dfrac{x}{2} - \dfrac{fx}{2} = \dfrac{x(1-f)}{2}$。

如果 u 代表每代突变率，则由上述平衡式可建立以下方程式：

$$u = \frac{x(1-f)}{2} \tag{5-5}$$

（二）隐性伴性基因

包括人类在内的雄性配子异型（XY）生物，群体的伴性基因只有 1/3 分布在雄性，这 1/3 突变基因成为其增殖率低下的原因（在雌性，XX 将伴性基因遮蔽）。雌性群体虽容纳 2/3 伴性基因，但绝大部分以杂合态存在，不表现隐性有害性状，只有这极低的频率的平方才是雌性中隐性突变型的比例，这个值可以忽略不计。因此，对于隐性伴性突变基因而言，在雄性配子异型的物种（XY），可以只考虑隐性伴性基因突变率的增加与雄性突变体受到淘汰之间的平衡来估计。

设 X_m 为雄性群体中伴性突变体的比例（或伴性基因的频率）；f 为突变基因与正常基因增殖率的比值；u 为突变率。

则：

$$u = \frac{1}{3}(1-f)X_m \qquad\qquad (5-6)$$

因为 1 / 3 分布在雄性。

由此，可以估计正常基因向伴性隐性基因的突变率。

（三）常染色体隐性基因

就隐性突变遗传病而言，每个患者的淘汰，相当于淘汰两个突变基因。设 X 为患者在群体中的比例；f 为突变基因与正常基因每代增殖率的比值。

则每代中突变基因消失的比例为 $X(1-f)$，突变基因增殖与消失的方程式为：

$$X(1-f) = u \qquad\qquad (5-7)$$

举例说明，1956 年，群体遗传学家根据日本厚生省资料估计，日本人群中小头症突变率为 $2.20 \times 10^{-5} \sim 7.57 \times 10^{-5}$。方程式（5-7）基于只有隐性突变纯合体才受到自然淘汰的假设。如果杂合子也淘汰，该估计值可能偏小。如果杂合子反而比正常个体有优势，则这个估计值可能偏大。

公式（5-7）适用于非近交群体，在近交群体（包括人类近亲婚配率不可忽略的小群体），隐性突变纯合子比例高于随机群体，隐性纯合子突变频率高于显性纯合子频率。

根据 Hardy-Weinberg 平衡定理，可得：

$$X = q^2 + q(1-q)F \qquad\qquad (5-8)$$

式中，F 是群体的近交系数。

如果在动物中有近交存在，则此方法估计不够精确，在有近交的情况下该公式应适当进行调整。

近交的基本效应：使群体中杂合子减少，纯合子比例增加；杂合子每代减少比例为 $2pqF$，两种纯合子增加的比例为 pqF。

如果群体的 P、q 和 F 可以得到，可按以下方程估计近交群体的突变率：

$$u = \left[q^2 + q(1-q)F \right](1-f) \qquad\qquad (5-9)$$

式中，q 为隐性突变基因的频率；f 为突变基因与正常基因每代增殖率的比例；F 为群体的近变系数。

三、蛋白质基因的自然演变率

从实验和测定发现的突变，如人类、小鼠、果蝇等实验动物形态或致死突变基因在 DNA 水平上的实质，目前大部分还不清楚。因此，揭示突变基因的 DNA 实质，从理论和应用上改进人类自身和动物的遗传素质是当代生命科学的焦点之一。

目前，在该研究领域的有关既有成就可归纳为以下几点：

第一，结构基因的碱基置换、碱基缺失、插入等原因，导致三联体转录的混乱，致使蛋白质功能损坏或丧失是上述突变的基本原因。

第二，自 20 世纪 60 年代后期开始，以淀粉、PAGE（聚丙烯酰胺）、琼脂凝胶做介质进行电泳，发现、揭示出各种蛋白质和酶的氨基酸序列存在广泛的个体差异。这种差异是一切形态、生理变异的基础，而这种变异的原因是 DNA 碱基发生置换造成多肽链一定位置上的氨基酸被另外的氨基酸替代，研究发现这种替代的大多数并不影响蛋白质的生物机能。在此基础上，木村资生于 1968 年提出了分子进化中立论和分子进化钟学说。

第三，20 世纪 80 年代以后，人们逐渐开发了一些检测个体间 DNA 核苷酸碱基差异的技术。就目前的技术发展水平而言，其实质是个体 DNA 核苷酸的某些区段的碱基排列在特定探针、内切酶或引物的背景下所表现的外部特征。虽然它具有多位点性、广泛多型性等优点，可以在技术成熟规范的条件下大幅度提高个体识别的效率，但是它并不是核苷酸顺序的直接表现，并不能由它来直接解读碱基排列，因而它仍然只是一种表型特征。目前各种 DNA 指纹检测技术通常覆盖个体基因组的比例都很低。

第四，21 世纪初研究发现：人类基因组大约有 36.7 亿个碱基对，共有 3 万 ~ 4 万个编码蛋白质的基因。DNA 链上有很多、很长的段落并不包含基因，这些段落的碱基排列并不影响个体适应和人类的经济利益。这些段落占 DNA 链长度的 98% 以上。由此可推知一般高等脊椎动物的概况。

蛋白质基因的突变率问题正是在这些成熟的背景下提出和进行研究的。蛋白质自然突变率的统计分析，也有直接测定和间接估计两种方法。

（一）直接测定法

直接测定法就是直接确定突变并加以统计的方法。因为电泳发现的变异，大多数为共显性遗传方式，必须注意的是应该进行大规模的调查和实验。

1. 示例分析

1977 年，T.Mukai 和 C.C.Cockerham 进行了关于黄果蝇第 2 染色体 5 个酶基因座突变率的直接测定。这些基因包括：α – 甘油磷酸脱氢酶（α –GPDH）、苹果酸脱氢酶（MDH）、乙醇脱氢酶（Adh）、α – 淀粉酶（Amy）、己糖激酶 C（HEX–C）。

黄果蝇第 2 染色体有一个实验上的优点，这个染色体上有一个和（该染色体中存在的）倒位紧密连锁的座位，该座位上有一个在纯合时有致死作用的显性基因念珠翅（致死作用是隐性的），它和倒位形成平衡致死系统。遗传学者育成了兼有倒位和念珠翅的实验品系，该品系可自动鉴别、清除外来基因的混杂，保持基因的纯度，并且以该显性基因作为品系的标志。

平衡致死系统：具有隐性致死效应的显性基因及其隐性正常等位基因和另一个相连锁

的基因座上的隐性致死基因及其正常显性基因，在同一群体中在致死淘汰的作用下仍然世代传递，并保持显性特征稳定延续的遗传体系。

实验共检测了 500 个家系，这 500 个家系的一对第 2 染色体，上溯很多世代都没有发生互换。在预先调查这 500 个家系上述 5 个基因座的基因型后，使这些果蝇一代一代地繁殖，将 5 个座位突变结果累积起来，最长的一个家系繁育了 175 世代（15 天一个世代）。结果在 5 个座位中有 3 个座位：MDH、Amy、HEX-C 各发现一个氨基酸置换的突变和一共 17 个电泳带消失的突变。

现从不同角度对这些突变做出分析：

（1）关于氨基酸置换的突变率。3 个座位各有一例突变，所有家系各世代全部个体共 1658308 个等位基因，所以每个世代间每个座位的氨基酸置换突变率为：

$$U_B = \frac{3}{1658308} = 0.181 \times 10^{-5} \qquad (5-10)$$

95% 的可靠性为 $0.037 \times 10^{-5} \sim 0.059 \times 10^{-5}$。

关于氨基酸置换突变率测定的扩大估计：由于遗传密码的简并等原因，从电泳实验测定能发现的氨基酸置换只有 10% ~ 50%，因此估计上述 5 个座位氨基酸置换的突变率为：

$$U_B = (2 \sim 10) \times 0.181 \times 10^{-5} = (0.362 \sim 1.81) \times 10^{-5} \qquad (5-11)$$

简并是指一种氨基酸对应于 RNA 上的多个密码子的现象，也就是所包含的 3 个碱基的组合有区别的密码子决定同一种氨基酸的现象，也称为"同义密码子"。

（2）电泳带消失的突变率为：

$$U = \frac{17}{1658308} = 1.03 \times 10^{-5} \qquad (5-12)$$

（3）结构基因座碱基替换率的估计。

设 M 为酶的亚基（肽链）的平均相对分子质量；n 为肽平均包含的氨基酸数目；$\bar{m}$ 为氨基酸的平均相对分子质量。

则：

$$M = n\bar{m} - (n-1) \times 18.02 \qquad (5-13)$$

式中，"18.02"是肽链上相邻的两个氨基酸的 $-COOH$ 和 $-NH_3$ 相连接，缩合出一分子 H_2O 的相对分子质量。

因而，上述 5 个座位平均包含的氨基酸数为：

$$n = \frac{M - 18.02}{\bar{m} - 18.02} \qquad (5-14)$$

式中，氨基酸的平均相对分子质量 $\bar{m} = 127.87$，亚基（肽）的平均相对分子质量 $M = 35625$。则：

$$n = (35625 - 18.02) \div (127.87 - 18.02) = 324.14 \qquad (5-15)$$

氨基酸数目的 3 倍即为结构基因的碱基对（base-pair，bp）数目，因为 3 个碱基构成一个密码子，决定一个氨基酸，则 3n ≈ 973。

所以，该 5 个座位平均每世代发生的碱基替换突变率为：

$$U_{bp} = \frac{(0.362 \sim 1.81) \times 10^{-5}}{973} = (3.72 \sim 18.6) \times 10^{-9} \qquad (5-16)$$

2.DNA 碱基置换突变率

设 a 为通过电泳或氨基酸测序检出的氨基酸置换例数；N 为各家系各世代受检个体的总和；L 为所检测的基因座位数；M 为蛋白质亚基（肽）的平均相对分子质量（蛋白质确定后，可查得或测得）；$\overline{m}$ 为氨基酸的平均相对分子质量（蛋白质确定后一般可查得，为定值）；U_{bp} 为蛋白质 DNA 碱基置换突变率。

则：

$$U_{bp} = \frac{(2 \sim 10) \times a \div 2LN}{3(M - 18.02) \div (\overline{m} - 18.02)} = \frac{(2 \sim 10)(\overline{m} - 18.02)a}{6(M - 18.02)LN} \qquad (5-17)$$

式中，常数（"2 ~ 10"）表示电泳检测到的氨基酸置换是已发生置换的 0.1 ~ 0.5 倍；"18.02"是肽链上的两个相邻氨基酸以羧基和氨基相结合，缩合一分子水的相对分子质量。

（二）间接估计法

蛋白质座位的突变多为中性（无利亦无害），不受自然选择的影响，没有明显的适应优势，因此，不能像前述人类遗传病变基因被自然选择淘汰而消失那样来假定存在突变之提供与自然淘汰之减少之间的平衡。在这种情况下，研究者是以突变压使突变基因增加与遗传漂变导致变异消失的效应之间的平衡来估计自然突变率。

1.Wright 公式

Wright（1938）以突变率（u）、回原率（v）、迁移率（m）、自然选择压（w）和群体有效规模（N）为参数推导了平衡状态下突变基因频率 p 的分布函数 $\phi(p)$ 公式。

在这些参数中，如果回原率 v、迁移率 m 和选择压 w 忽略不计，以不可逆突变为基础的分布函数则近似为：

$$\phi_1(p) = 4Nu / p \qquad (5-18)$$

2.Nei 公式

Nei（根井，1977）由公式（5-18）出发，不考虑等位基因的全部，只计算有效规模为 N 的群体中频率为 0.01 以下（p=0.01 以下）的稀有等位基因，然后以 I_s 代表每个座位上的稀有基因数，以 n 代表每座位的样本个体数，推导出平衡公式：

$$I_s = \int_{\frac{1}{2n}}^{p_1} \varphi_1(p)dp = 4Nu \log_e(2np_1) \qquad (5-19)$$

之所以考虑稀有基因，是因为只有这些等位基因可以视作是在比较近的世代由突变产生的，这些稀有基因对自然选择不敏感，很少有自然选择接触到稀有基因，即使群体有效规模变动也能迅速达到平衡。

根据公式（5-19），若以 $\bar{u}$ 代表平均每代每座位的突变率，则可得：

$$\bar{u} = \frac{I_s}{4N \log_e(2\bar{n}p_1)} \qquad (5-20)$$

式中，n 为基因座的样本数；$\bar{n}$ 为 n 的平均数；N 为群体有效规模；p_1 为稀有基因（即突变基因）的频率（在公式（5-20）中为定值，$p_1 = 0.01$，实质上包括 0.01 以下的频率）；I_s 为平均每个座位稀有基因的个数；$\bar{u}$ 为蛋白质基因的突变率。

Nei 采用公式（5-19）与（5-20），利用 Neel 等人的资料估计了南美洲印第安人部落 Yanomama 蛋白质基因座的突变率。Neel 等人共调查 1206 位成年人，17 个蛋白质基因座发现频率为 0.01 以下的稀有基因 3 个，则：

$$I_s = \frac{3}{17} = 0.177 \pm 0.128 \qquad (5-21)$$

3. 公式校正

在总体规模庞大、抽样率极低，且抽样实际涉及的范围很小时，突变率公式为：

$$\bar{u} = I_s / \left[4N \log_e(2\bar{n}p_1) \right] \qquad (5-22)$$

当以抽样覆盖率 k 校正时：

$$k = \frac{N_K}{N_c} \qquad (5-23)$$

式中，N_K 为实际调查范围内的规模；N_c 为总体的实际规模。

在此种情况下公式变为：

$$\bar{u} = \frac{I_s}{4kN \log_e(2\bar{n}p_1)} \qquad (5-24)$$

第三节 Hardy–Weinberg 平衡定律

Hardy–Weinberg（哈代 - 温伯格定律）定律的意义之一，是它揭示了一定条件下基因频率和基因型频率之间的计量关系，为分析、计算或估计群体的遗传变异提供了思路。"哈

代 – 温伯格定律是群体遗传学的重要理论基石，也是现代生物进化论的基础。"[①]

一、Hardy-Weinberg 定律的内涵

（一）Hardy-Weinberg 定律的内容

在一个随机交配的大群体，如果没有突变、迁移和选择，基因频率和基因型频率都恒定不变。无论原有的基因型频率如何，只要经过一代随机交配，常染色体基因频率和基因型频率就可形成，并在没有外来干扰的条件下保持如下平衡状态：纯合子频率为其基因频率之平方，杂合子频率为相应等位基因频率之积的 2 倍。

（二）Hardy-Weinberg 平衡的检验

根据 Hardy-Weinberg 平衡的群体基因频率和基因型频率的关系式，可得 $D = p^2, R = q^2, H = 2pq$ ，则：

$$H / \sqrt{D \cdot R} = 2$$（5-25）

公式（5-25）反映了群体的 3 种基因型间的关系，与基因频率无关，该式可作为检验群体是否达到平衡的一个尺度。

群体中单个座位是否处于遗传平衡一般采用适合性检验：

$$\chi^2 = \sum_{n}^{i=1} (O_i - E_i)^2 / E_i$$（5-26）

式中，O_i 和 E_i 分别为第 i 类基因型的观察数及其理论期望值。若得到 χ^2 值小于 $\chi^2 df, 0.05$，则认为该座位在群体中处于遗传平衡状态。否则，处于遗传不平衡状态。

（三）Hardy-Weinberg 定律的意义

Hardy-Weinberg 定律揭示了群体中基因频率和基因型频率的本质关系，成为群体遗传学研究的基础。用基因频率和基因型频率描述群体的遗传结构，用其平衡作为一个基准，当满足 Hardy-Weinberg 定律的条件时，群体的遗传结构保持不变，生物群体才能保持群体遗传特性的稳定。如果需要保持动物群体的遗传特性，世代相传，就应创造条件，使基因频率和基因型频率不变。保护动物品种资源就需要这样做。

反之，需要改良一个动物品种，让群体的遗传结构改变，就要打破该平衡。同一群体内的个体间遗传差异主要是等位基因的差异，而同一物种内，不同群体间遗传差异主要是基因频率的差异。Hardy-Weinberg 定律也给动物育种提供了启示，要想提高群体生产水平，可通过选择，增加有利基因的频率。当改变基因频率的因素不存在时，基因频率又因随机交配而达到新的平衡。可以看出，动物育种是一项长期的工作。

[①] 曲志才 . 哈代 – 温伯格定律的遗传学教学需要厘清的问题 [J]. 生物学教学，2009，34（10）：13-15.

二、Hardy-Weinberg 平衡的若干性质

（一）等位基因数与杂合子频率的上限

保持着 Hardy-Weinberg 平衡的群体，如果一个座位上有 n 种等位基因，则该座位所有杂合子的频率之和小于 $\frac{n-1}{n}$ 。

例如：当 n=2 时，$H = 2q(1-q)$，在 q=5 的情况下，H=0.5 时，为其最大值，仍未超 $\frac{n-1}{n} = \frac{2-1}{2} = 0.5$ 。

当 n 不断增大时，H 逼近 1 但永远不能等于 1。

（二）低频基因

如果某个座位上有一个频率极低的等位基因，则该基因几乎完全以杂合态保持于群体中。简而言之，低频基因多以杂合状态保存于群体。

在动物育种中，对于低频隐性等位基因的表型淘汰效果不大。对于人类，特别去限制携带隐性等位基因的人繁衍后代作用是不大的。

（三）瓦隆效应

瓦隆效应是指群体再划分在遗传学上产生的效果。下面阐述瓦隆效应的内涵。

假定：一个大群体划分为 K 个同等大小的亚群体，在亚群之内施行随机交配，则各亚群仍然受 Hardy-Weinberg 平衡定律支配。

设 q_i 为第 i 个亚群中基因 a 的频率（$p_i + q_i = 1$），$\overline{q}$ 为原来的大群体（划分之前的）中基因 a 的频率（$\overline{p} + \overline{q} = 1$）。

因而，K 个亚群基因频率的平均数是：

$$\overline{q} = \frac{\sum q_i}{K} \tag{5-27}$$

K 个亚群基因频率的方差是：

$$\sigma_q^2 = \frac{\sum (\overline{q} - q_i)^2}{K} = \frac{\sum q_i^2}{K} - \overline{q}^2 \tag{5-28}$$

则 $\frac{\sum q_i^2}{K} = \overline{q}^2 + \sigma_q^2$，同理有 $\frac{\sum p_i^2}{K} = \overline{p} + \sigma_q^2$。

另外，就大群体而言，分群后各类基因型的总比例为：

$$AA: \frac{\sum p_i^2}{K} = \overline{p}^2 + \sigma_q^2 \; ; \quad Aa: \frac{2\sum p_i q_i}{K} = 2\overline{pq} - 2\sigma_q^2 \; ; \quad aa: \frac{\sum q_i^2}{K} = \overline{q}^2 + \sigma_q^2 \tag{5-29}$$

显然，如果没有分群，在大群体中实行随机交配，上述三种基因型的比例应为 $AA:\overline{p}^2;Aa:2\overline{pq};aa:\overline{q}^2$。因此，随机交配的群体划分为若干亚群，效应是以基因频率的方差 σ_q^2 为比例增加每一种纯合子的比例，同时使杂合子频率相应降低。

三、斯奈德比值

在显、隐性关系完全的一对等位基因的条件下（排除不完全显性和完全显性），设：显性基因频率为 p；隐性基因频率为 q；D 代表显性个体（注意是符号，不是频率）；R 代表隐性个体（注意是符号，不是频率）。

在 Hardy-Weinberg 平衡条件下，两亲类型的交配组合概率以及子代个体中两种类型的概率如表 5-6 所示。

表 5-6　两亲交配组合和子代概率

两亲组合	组合概率	子代类型概率	
		D	R
D×D	$\left(1-q^2\right)^2 = p^2(1+q)^2$	$p^2(1+2q)$	p^2q^2
D×R	$2q^2\left(1-q^2\right) = 2pq^2(1+q)$	$2pq^2$	$2pq^3$
R×R	$\left(q^2\right)^2 = q^4$	0	q^4
合计	1		

以第一栏（D×D）为例，在 D×D 的交配组合中，实际上双方都有两种基因型（AA，Aa），各自的频率为 p^2 和 $2pq$。双方产生的配子种类和概率以及子代各种合子的频率分析如表 5-7 所示。

表 5-7　交配产生配子种类、概率以及子代合子频率表

	A $\left(p^2+pq\right)$	a (pq)
A $\left(p^2+pq\right)$	AA $\left(p^2+pq\right)^2$ （D）	Aa $\left(p^2+pq\right)pq$ （D）
a (pq)	Aa $\left(p^2+pq\right)pq$ （D）	aa $(pq)^2$ （RR）

其中，子代中类型 D 的频率为：

$$\left(p^2+pq\right)^2 + 2\left(p^2+pq\right)pq = \left(p^2+pq\right)\left[\left(p^2+pq\right)+2pq\right] \tag{5-30}$$

$$= p(p+q)\left[p^2+3pq\right] = p[p(p+3q)] = p^2(1+2q)$$

子代中类型 R 的频率为 $(pq)^2 = p^2 q^2$。

所以，在 D×D 的交配组合下，子代类型 D 与 R 的比值为：

$$p^2(1+2q)/p^2 q^2 = (1+2q)/q^2 \qquad (5-31)$$

在 D×R 的交配组合下，子代类型 D 与 R 的比值为：

$$2pq^2/2pq^3 = 1/q \qquad (5-32)$$

因此，在 D×D 的交配组合中 R 的比例为 $q^2/(1+q)^2$，用 S2 表示；在 D×R 的交配组合中 R 的比例为 $q/(1+q)$，用 S1 表示；这两个比值 S2 和 S1 称为斯奈德比值。

斯奈德比值：

$$S_1 = \frac{q}{1+q} \qquad S_2 = \frac{q^2}{(1+q)^2} \qquad (5-33)$$

斯奈德比值是以群体遗传学方法鉴别不明变异遗传方式的又一个工具。其基本原则是：提出关于性状遗传方式的假设，根据假设计算隐性基因的频率；进而求出应有的斯奈德比值，与实际值相对照，以肯定或否定假设。

四、母子组合频率

在 Hardy–Weinberg 平衡状态下的群体，母亲和子女常染色体性状的表型组合频率是由基因频率和等位基因间的显、隐性关系决定的既定数值。这一规律在 1959 年被发现，并用以揭示新变异性状的遗传基础。从那时起，这一规律已经被广泛地应用于新出现的孟德尔性状遗传基础的鉴别。

设：D 代表显性表现型（D 是符号，不是频率）；R 代表隐性表现型（R 是符号，不是频率）；q 代表群体中隐性基因的频率，$1-q$ 则为显性基因频率；DD 代表显性类型的母亲与显性类型的子女之组合（DD 是符号，不是频率）；DR 代表显性类型的母亲与隐性类型的子女之组合（DR 是符号，不是频率）；RD 代表隐性类型的母亲与显性类型的子女之组合（RD 是符号，不是频率）；RR 代表隐性类型的母亲与隐性类型的子女之组合（RR 是符号，不是频率）。

则各种组合的期望值如表 5–8 所示。

表 5–8　不同母子组合频率的期望值

母子组合	组合频率
RR	q^3
RD+DR	$2(q^2 - q^3)$
DD	$1 - (2q^2 - q^3)$

这一规律性很容易根据 Hardy–Weinberg 平衡定律来说明，见表 5–9。

表 5-9　母亲类别及其配子类别、雄亲配子类别频率的组合

母亲类别（频率）	母亲配子类别（频率）	雄亲配子类别（频率）	
		A $(1-q)$	a (q)
D $\left[(1-q)^2 + 2(1-q)q\right]$	A $(1-q)$	AA（D） $(1-q)^2$	Aa（D） $(1-q)q$
	a $(q-q^2)$	Aa（D） $(1-q)(q-q^2)$	aa（R） $(q-q^2)q$
R (q^2)	a (q^2)	Aa（D） $(1-q)q^2$	aa（R） q^3

（一）母亲类别 D

D 类母亲包含以下两种基因型：AA 频率为 $(1-q)^2$，产生一种配子 A，频率 $(1-q)^2$；Aa 频率为 $2q(1-q)$，产生两种配子，A 频率为 $q(1-q)$，a 频率为 $q(1-q)$。

所以 D 类母亲产生的携带基因 A 的配子的总频率为：

$$(1-q)^2 + q(1-q) = \left(1-2q+q^2\right)+q-q^2 = 1-q \tag{5-34}$$

D 类母亲产生的携带基因 a 的配子的频率为 $q-q^2$。

（二）母亲类别 R

R 类母亲基因型为 aa，频率为 q^2，产生一种配子 a，频率为 q^2。

对表 5-5 加以整理，各种母子组合的频率为：

$$DD: (1-q)^2+(1-q)q+(1-q)(q-q^2)=1-2q^2+q^3=1-(2q^2-q^3) \tag{5-35}$$

$$DR+RD: \left(q-q^2\right)q+(1-q)q^2 = 2\left(q^2-q^3\right) \tag{5-36}$$

$$RR: q^3 \tag{5-37}$$

在孟德尔性状遗传基础鉴别的应用中，研究者对性状的显隐性关系亦即新性状的遗传基础提出不同的假定，统计实际观察到的母子组合频率，对根据假定应有的理论频率与实际频率的适合性检验可以肯定或否定假定的正确性。

关于母子组合频率的小结，如下：

（1）在处于 Hardy–Weinberg 平衡的群体中，以显、隐性性状为依据的母子组合的概率是由等位基因频率和等位基因间显、隐性关系决定的既定数值。

（2）隐性类型母子组合概率是隐性基因频率的3次方。

（3）显隐性母子组合概率是隐性基因频率的平方与立方之差的2倍。

（4）显性类型母子组合概率是1与2倍隐性基因频率的平方减隐性基因频率3次方的差之差数。

结束语

　　遗传学是研究生物遗传与变异规律的科学，也是生命科学领域发展最为迅速的前沿学科，又是一门紧密联系生产实际的基础学科。随着新技术、新方法、新成果的不断出现，遗传学的研究范畴更是大幅度拓宽，研究内容不断深化。群体遗传学是研究群体的遗传结构及其变化规律的学科，其研究对象是生物群体，这里的群体是指孟德尔氏群体。群体遗传研究是为探讨遗传病的发病频率、遗传方式及其基因频率和变化的规律，从而了解遗传病在群体中的发生和分布的规律，为预防、监测和治疗遗传病提供重要的信息和措施。

参考文献

一、著作类

[1]　陈泽辉 . 群体与数量遗传学 [M]. 贵阳：贵州科技出版社，2009.

[2]　郭玉华 . 遗传学 [M]. 北京：中国农业大学出版社，2014.

[3]　石春海，祝水金 . 遗传学 [M]. 杭州：浙江大学出版社，2015.

[4]　石春海 . 现代遗传学概论（第 2 版）[M]. 杭州：浙江大学出版社，2017.

[5]　宗宪春，施树良 . 遗传学 [M]. 武汉：华中科技大学出版社，2015.

二、期刊类

[1]　鲍大鹏 . 我国食用菌遗传学的发展及展望 [J]. 菌物学报，2021，40（4）：806–821.

[2]　陈罡，卜鹏图，于世河，等 . 基于 SSR 标记的辽宁蒙古栎天然群体遗传多样性研究 [J].
　　　沈阳农业大学学报，2020，51（6）：727–733.

[3]　陈士林，吴问广，王彩霞，等 . 药用植物分子遗传学研究 [J]. 中国中药杂志，2019，
　　　44（12）：2421–2432.

[4]　杜志强，曲鲁江，李显耀，等 . 藏鸡群体遗传多样性研究 [J]. 遗传，2004，26（2）：
　　　167–171.

[5]　范磊，邵增务 . 小分子干扰 RNA 基因沉默与骨肉瘤治疗 [J]. 国际骨科学杂志，2011，
　　　32（1）：30–32.

[6]　高峰，李海鹏 . 群体遗传学模拟软件应用现状 [J]. 遗传，2016，38（8）：707–717.

[7]　高天翔，王志杨，宋娜，等 . 南沙群岛密斑马面鲀群体遗传多样性分析 [J]. 海洋与湖沼，
　　　2019，50（1）：159–165.

[8]　韩晓霞，章静钢，张鹏博，等 . 基于 SSR 的铁皮石斛实生群体遗传多样性研究 [J]. 江
　　　苏农业科学，2016，44（6）：90–93.

[9]　李丹阳，吴彩凤，孙玲伟，等 . 利用微卫星标记分析湖羊群体遗传多样性 [J]. 上海农
　　　业学报，2022，38（1）：67–72.

[10]　李红霞，王曦，邱泽文，等 . 微卫星用于鸡群体遗传结构研究 [J]. 中国比较医学杂志，

2003，13（6）：343-346.

[11] 李小平．教学中对达尔文进化论的探讨 [J]. 高考，2020（17）：66.

[12] 李玉梅，向阳，皮建辉.9项人类群体遗传学特征的对应分析 [J]. 华中师范大学学报（自然科学版），2014，48（2）：257-259.

[13] 李泽锋，卢鹏，张剑锋，等．群体遗传变异鉴定工具系统比较 [J]. 烟草科技，2018，51（1）：8-14.

[14] 刘振，成杨，杨培迪，等．基于 nSSR 和 cpDNA 序列的城步峒茶群体遗传多样性和结构研究 [J]. 茶叶科学，2020，40（2）：250-258.

[15] 鲁立刚，金深逊，曾继晶，等．不同群体规模下闭锁群体遗传漂变的模拟 [J]. 黑龙江畜牧兽医（上半月），2012（7）：46-48.

[16] 梅秋兰，刘臻，张学文，等．鳜原种群体和养殖群体遗传多样性的微卫星分析 [J]. 基因组学与应用生物学，2010，29（2）：266-272.

[17] 蒙子宁，杨丽萍，吴丰，等．斜带石斑鱼养殖群体遗传多样性的 RAPD 分析 [J]. 热带海洋学报，2007，26（2）：44-48.

[18] 缪扣荣，汪承亚．人类白细胞抗原群体遗传学研究 [J]. 中华医学遗传学杂志，2007，24（5）：548-550.

[19] 庞美霞，俞小牧，童金苟．三峡库区 5 个鲢群体遗传变异的微卫星分析 [J]. 水生生物学报，2015，39（5）：869-876.

[20] 曲若竹，侯林，吕红丽，等．群体遗传结构中的基因流 [J]. 遗传，2004，26（3）：377-382.

[21] 曲志才．哈代-温伯格定律的遗传学教学需要厘清的问题 [J]. 生物学教学，2009，34（10）：13-15.

[22] 孙娟，薛吉全，张兴华，等．基于 SSR 技术分析玉米 PX 群体遗传多样性 [J]. 西北农业学报，2011，20（2）：68-72.

[23] 孙倩，邹枚伶，张辰笈，等．基于 SNP 和 InDel 标记的巴西木薯遗传多样性与群体遗传结构分析 [J]. 作物学报，2021，47（1）：42-49.

[24] 谭奎壁，戴勇．人类单核苷酸多态性及其在医学领域的研究进展 [J]. 国际生物医学工程杂志，2012，35（4）：251-253.

[25] 王玲，叶冬梅，包文泉，等．基于 cpDNA 分子标记的白杆群体遗传多样性研究 [J]. 福建农林大学学报（自然科学版），2022，51（1）：70-76.

[26] 王秋安．自然进化论与达尔文的生物进化论探析 [J]. 湖北社会科学，2012（9）：90-93.

[27] 王玉亮，王峰，耿洁．细胞因子与细胞因子风暴 [J]. 天津医药，2020，48（6）：494-499.

[28] 文子龙，赵毅强.群体遗传学下动物驯化研究进展 [J]. 遗传，2021，43（3）：226-239.

[29] 许智宏，张宪省，苏英华，等.植物细胞全能性和再生 [J]. 中国科学：生命科学，2019，49（10）：1282-1300.

[30] 薛付忠，王洁贞，郭亦寿，等.人类群体遗传结构的图论主成分分析方法 [J]. 中国卫生统计，2006，23（1）：19-23.

[31] 余文，李人厚.一种基于灾变的多群体遗传算法 [J]. 计算机工程，2001，27（7）：72-73，75.

[32] 张立岭，钱宏光.基因频率随机过程模型的形成与发展 [J]. 内蒙古农业大学学报，2000，21（4）：102-108.

[33] 张玮，阮龙，宋光同，等.克氏原螯虾 4 个地理群体遗传差异的 RAPD 分析 [J]. 安徽农业科学，2010，38（22）：11861-11862，11876.

[34] 周兴文.从生物进化论到进化生物学 [J]. 生物学教学，2014，39（11）：2-3.

[35] 朱志宏.生物进化论困境的系统思考 [J]. 系统辩证学学报，2004，12（4）：83-86.

[36] 祝雯，詹家绥.植物病原物的群体遗传学 [J]. 遗传，2012，34（2）：157-166.